Die Arbeitszeitermittlung im Werkzeugbau

Schnitt-, Biege-, Präge- und Ziehwerkzeuge

Von

Ernst Mindt

Ingenieur

Mit 49 Abbildungen und 64 Tabellen

Springer-Verlag

Berlin / Göttingen / Heidelberg

1957

ISBN-13: 978-3-642-92707-2   e-ISBN-13: 978-3-642-92706-5

DOI: 10.1007/978-3-642-92706-5

Vorwort

Die oft recht unterschiedliche Art der Erstellung und stofflichen Gliederung von Kalkulationsgrundlagen für den Werkzeugbau, die der Verfasser in einer Reihe größerer Betriebe während einer langjährigen Praxis kennenlernte und deren Ursachen in dem Fehlen einer in sich geschlossenen Behandlung des Stoffgebietes in der einschlägigen Literatur zu suchen sind, gab Veranlassung zur Herausgabe dieses Buches. Dabei stand im Vordergrund keineswegs die Absicht, einen kompletten Kalkulationskatalog für alle Vorkommnisse in der Tätigkeit des Werkzeugmachers zu schaffen, sondern es kam dem Verfasser darauf an, einen Weg zur einheitlichen Gestaltung sinnvoller Vorgabezeitunterlagen für dieses Aufgabengebiet zu weisen.

Im besonderen wurden die Arbeitsgruppen „Werkzeug-Zusammenbau", „Werkzeug-Reparatur" und „Werkzeug-Erprobung" zusammenhängend behandelt, um über die nicht selten anzutreffende Unentschlossenheit im Aufbau von Arbeitszeitunterlagen für diese Arbeitsgruppen hinwegzuhelfen. Das Bedürfnis einer Koordinierung der kalkulationstechnischen Begriffe und Bezeichnungen ist hinreichend bekannt, und es ist zu hoffen, daß auch für die Handzeiten der vorgenannten Arbeitsgruppen — ähnlich denen der Maschinenzeiten — allmählich allgemeingültige Richtlinien geschaffen werden.

Der Schweizer Maschinenfabrik Studer, die freundlicherweise das Bildmaterial für den Abschnitt „Profilschleifen" zur Verfügung stellte, und der Firma H. Hommel, die vermittelnd das Unterlagenmaterial der englischen Firma Boneham E. Turner Ltd. bereitgestellt und dadurch zur Ausgestaltung des Abschnitts „Lehreninnenschleifen" beigetragen hat, sei an dieser Stelle bestens gedankt.

Nicht zuletzt gebührt dem Springer-Verlag volle Anerkennung für die sorgfältige und übersichtliche Anordnung des mit zahlreichen Tabellen durchsetzten Stoffes.

Stuttgart-Zuffenhausen, im Januar 1957

Ernst Mindt

Inhaltsverzeichnis

I. Einleitung

Sowohl dem Konstrukteur als auch dem Arbeitsvorbereiter des allgemeinen Werkzeugbaues ist die Tatsache geläufig, daß die Bestrebungen zur Normung der Werkzeugbaugruppen durch die Vielgestalt der Ausführung stark eingeschränkt werden. In diesen Besonderheiten des Werkzeugbaues und dem Umstand, daß wir es hier zu etwa 50% des gesamten Fertigungsaufwandes mit reinen Handzeiten zu tun haben, liegt die Begründung für die bislang von der Industrie nur zögernd betriebene Erforschung der Arbeitszeiten.

Es hat zwar nicht an Ansätzen gemangelt, für die oft recht verzwickten Arbeiten im Werkzeugbau, denen sich noch eine gewisse Wahlfreiheit des Arbeitsablaufes hinzugesellt, Richtzeiten zu bilden. Häufig blieben aber diese Bestrebungen bereits in den Anfängen stekken und machten der Ansicht Platz, daß die Tätigkeit des Werkzeugmachers sich der Bildung von Normzeiten grundsätzlich entziehe. Die Untersuchungen nach den Ursachen führten dann meist zu dem Ergebnis, daß diese Schritte nicht auf der Ebene eines vorher sinnvoll zurechtgelegten Planes gemacht wurden, sondern daß die Sammlung von Arbeitszeitunterlagen sprunghaft und ohne die erforderliche zeitliche Abgrenzung der sich überschneidenden Arbeitsfolgen betrieben wurde. Die daraus resultierende additive Ungenauigkeit in der Zeitvorgabe und nicht zuletzt der Mangel an subjektiver Zielstrebigkeit ließen in der Regel die Fortsetzung der begonnenen Arbeiten als nicht lohnend erscheinen.

Es wird an dieser Stelle eingestanden, daß dieses Sammeln und Ordnen von Zeitwerten in einem Umfang, der der Streuung in den Arbeitsfolgen Rechnung trägt, nur größeren Betrieben mit einer laufenden Werkzeugfertigung zukommen kann, die hieraus, auf lange Sicht gesehen, ihren Nutzen ziehen können. Indessen gibt es bereits eine Anzahl Firmen, die im Laufe der Zeit für den eigenen Hausgebrauch Unterlagen erstellt haben, die sich durch einen sinnvollen Aufbau auszeichnen und für den Kalkulator einen brauchbaren Leitfaden darstellen. Zu einer Veröffentlichung dieser Arbeiten kommt es aber kaum, da sie von den Firmen sorgfältig gehütet werden und infolge ihrer Abstimmung auf die im eigenen Haus bestehenden Entlohnungsverfahren von anderen Betrieben nicht ohne weiteres übernommen werden können. Diese Firmen mögen die vorliegenden Ausführungen als zusätzliche Anregung für den weiteren Ausbau der vorhandenen Unterlagen betrachten.

Die Frage, nach welchen Gesichtspunkten die Kalkulationsunterlagen für den Werkzeugbau zu erstellen sind, wird sowohl von der Aufgabenstellung des Betriebes als auch von der Entlohnungsart und dem zur Verfügung stehenden Maschinenpark beantwortet. Im Abschnitt „Richtwertbildung und Zeitvorgabe" wird auf die verschiedenen Möglichkeiten der Richtwertbildung, S. 20 ff., hingewiesen. Die Entscheidung, welchem Weg betriebswirtschaftlich gesehen der Vorzug zu geben ist, wird der Unternehmer auf Grund der Größe und Aufgabenart seines Betriebes selbst zu treffen haben.

Der große Anteil der Handzeiten im Werkzeugbau rechtfertigt die Forderung nach einer intensiven Erforschung dieses Stoffgebietes. Die Schwierigkeiten, die sich einem systematischen Aufbau sinnvoll geordneter Arbeitsunterlagen entgegenstellen, sind nicht klein. Sie verlangen neben weitreichenden praktischen Werkstatterfahrungen und einer kritischen Beurteilung der Arbeitscharakteristik einen geübten Blick für die zweckmäßigste Aufgliederung der Arbeitszeittabellen, die dem Kalkulator ein unkompliziertes Rüstzeug bei der Ausübung seiner Tätigkeit sein sollen.

Im Gegensatz zur Einzelteilefertigung, wo die bekannten technologischen Bedingungen exakte Rechenwerte zulassen und eine restlose Erfassung der Arbeitsstufen bis zu den Griffelementen hin ermöglichen, läßt der Zusammenbau von Werkzeugen immer noch eine Reihe von Verrichtungen übrig, die sich einer Einengung in fix und fertig ausgearbeitete Tabellenwerte nicht unterordnen. Sie lassen sich jedoch fast ausnahmslos zu „Richtzeit-Sammelstufen" zusammenziehen und bilden in der Hand des erfahrenen Kalkulators eine wertvolle Richtschnur zum Interpolieren von Vorgabezeiten.

Die vorliegende Arbeit erhebt keineswegs Anspruch auf ein restlos durchdachtes System zur Bildung von Arbeitszeitunterlagen für den Werkzeug-Zusammenbau; von einem System wird vielmehr erst dann die Rede sein können, wenn es gelingt, zuvor die Wechselbeziehungen der arbeitspsycho-physiologischen und technologischen Einflüsse auf die mechanische Arbeit einer arbeitswissenschaftlichen Gesetzmäßigkeit zuzuführen.

Vorerst soll durch den vorliegenden Beitrag versucht werden, einen Teil der bestehenden Lücke in unserer Fachliteratur auszufüllen und einen Ansporn zu weiteren Aufbauarbeiten in dieser Richtung zu geben. Es wäre anzustreben, dieses umfangreiche Stoffgebiet, wie überhaupt die handwerksmäßige Tätigkeit innerhalb der Industrie, in gemeinschaftlicher Zusammenarbeit arbeitswissenschaftlich zu durchdringen und einer den Eigenarten dieses Fertigungszweiges entsprechenden Lösung zuzuführen.

II. Fertigungsverfahren im Werkzeugbau

Wenn die im Werkzeugbau zur Zeit üblichen Fertigungsverfahren in diesem Abschnitt kurz gestreift werden, so handelt es sich hier lediglich um die Betrachtung der Zerspanungsmethoden bei der maschinellen Herstellung der Einzelteile. Es sollen an dieser Stelle weder Leistungsuntersuchungen an Maschinen angestellt, noch bestimmte Fabrikatetypen besprochen werden; vielmehr soll die Durchsprache der Werkzeugmaschinen von der kalkulationstechnischen Seite her dem Leser eine leichtere Vorstellung von dem Zustandekommen der im Abschnitt „Richtwertbildung und Zeitvorgabe", S. 20 ff., dargebotenen Zeittabellen vermitteln. Die Forderung nach leistungsfähigen Werkzeugen kann nur durch Einsatz hochwertigster Werkzeugmaschinen erfüllt werden, die die erwünschte Feinbearbeitung ermöglichen. Vom Einspannzapfen bis zum kompliziertesten Schnittstempel durchlaufen alle Einzelteile innerhalb der maschinellen Bearbeitung eine Reihe von Arbeitsplätzen, auf denen sie ihre Form vom groben Zuschnitt bis zum Feinstschliff erhalten. Es ist also erforderlich, daß dem Vorkalkulator, von der Bügel- oder Bandsäge angefangen bis zur Formschleifmaschine und von der Abstechbank bis zur Lehren-Innenschleifmaschine, die Eigenarten dieser Maschinenreihe und ihre optimale Ausnutzung geläufig sind, wenn das Produkt seiner Arbeit kein betriebsfremdes Erzeugnis „vom grünen Tisch her" sein soll.

Zunächst soll ein Überblick über diejenigen Bearbeitungsmaschinen gegeben werden, die üblicherweise von größeren, Werkzeuge herstellenden Betrieben benutzt werden. In der zweiten Spalte sind die Werkzeugteile angeführt, deren Bearbeitung auf der links bezeichneten Maschine erfolgt. In der dritten Spalte sind schließlich die Bezugseinheiten angegeben, die bei der Zeitermittlung in Rechnung gesetzt worden sind. Diese Größen werden zwar als allgemein bekannt vorausgesetzt, da aber in der vorliegenden Schrift die zeitliche Aufgliederung einiger Arbeitsoperationen von den üblichen Zeitermittlungsverfahren abweicht, sollen die Bezugseinheiten hier erwähnt werden. Im Tabellenteil des Abschnittes „Richtwertbildung und Zeitvorgabe", S. 20 ff., finden die in der Praxis ermittelten Bezugseinheiten als geeignete Rechengrößen außerdem eine besondere Erläuterung.

Bearbeitungsmaschine	Werkstück	Arbeitsfolge	Bezugsgrößen für die Arbeitsze't-Ermittlung
Bandsäge	Kopf-, Führungs- und Schnittplatten	Durchbrüche aussägen	Durchbruchumfang, Plattenstärke, Richtungsänderungen
Bandsäge	Führungs- und Schnitteinsätze	Formen vorsägen	wie vor

Bearbeitungs-maschine	Werkstück	Arbeitsfolge	Bezugsgrößen für die Arbeitszeit-Ermittlung
Drehbank	Spannzapfen, Buchsen, Führungssäulen, Bolzen, Aufschlagstücke	drehen	Drehlänge, Durchmesser
Kurzhobler	Kopf-, Führungs- und Schnittplatten	allseitig hobeln	Flächen
Kurzhobler	Stempel	vorhobeln zum Fräsen	Spanvolumen
Fräsmaschine	Schnitt- und Formstempel	formfräsen	Zerspanungsvolumen, Stempellänge, Konturen: Außen- und Innenradien, Winkel, eingeschlossene Ecken, Einstiche
Fräsmaschine	Schleifschablonen für Profilschleifmaschine	formfräsen	Fräsrichtungen, Ecken, Bohrungen
Feilmaschine	Schnitt- und Führungsplatten, Schnitteinsätze	Durchbrüche feilen	Durchbruchumfang, Plattenstärke, Richtungsänderungen
Rundschleifmaschine	Lochernadeln, Führungsbuchsen und -säulen	rundschleifen	Schleiflänge und Schleifdurchmesser
Flachschleifmaschine	Platten, Einsatzrahmen	flachschleifen	Fläche
Flachschleifmaschine	Führungs- und Schnitteinsätze	Paßschliff	Schleifkontur, Schleiflänge, Verzugsempfindlichkeit, Meßbedingungen, Passung
Profilschleifmaschine	Stempel	profilschleifen	wie vor
Lehrenbohrwerk	sämtliche Teile	lehrenbohren	Durchmesser, Tiefe, Passung, Werkstückgröße
Lehrenbohrwerk	Schnittplatten (Schnittlöcher)	lehreninnenschleifen	Durchmesser, Tiefe, Zustellung und Vorschub in Abhängigkeit vom Schaltweg und Lochdurchmesser
Läppmaschine	Stauch- und Ziehstempel, Ziehringe	läppen	Fläche
Graviermaschine	Werkzeuge, Lehren, Schablonen	gravieren, signieren	Anzahl der Typen, Anordnung des Schriftsatzes, Werkstoff

III. Lohnsysteme

Eine der primärsten betriebswirtschaftlichen Forderungen in einem gut geleiteten Betrieb ist die nach einer leistungsgebundenen Entlohnung, welche der Betriebsaufgabe angepaßt ist und einen wirklichen Anreiz zur Mehrleistung bietet.

Nur zu oft arbeiten Betriebe mit Einzel- oder kleiner Reihenfertigung im Zeitlohn, während die Voraussetzungen für ein Prämiensystem oder sogar für einen Einzelakkord gegeben sind. Man tauscht eben die althergebrachte Entlohnungsform nicht gerne gegen eine solche ein, von der man nicht so recht weiß, wie sie sich am zweckmäßigsten einführen läßt. Andererseits findet man Betriebe, die spontan und ohne den Voraussetzungen für eine Stückzeitentlohnung die erforderliche Beachtung geschenkt zu haben, eine Akkordentlohnung einführten, deren Schwächen man allerdings auf den ersten Blick unschwer erkennen kann. Man versprach sich a priori eine automatische Lösung des Leistungsproblems; in Wirklichkeit mußte man aber eine Reihe von Unannehmlichkeiten in Kauf nehmen, die sich unabwendbar aus dem Mangel an geeigneten Kalkulationsunterlagen ergeben haben.

Eine kritische Beurteilung der einzelnen Entlohnungsverfahren würde im Rahmen dieser Betrachtung zu weit führen. In unserer volkswirtschaftlichen Literatur finden sich seit langem theoretische Auseinandersetzungen über Güte und Wert der verschiedenen Lohnsysteme, die sich den betrieblichen Gegebenheiten anpassen lassen. — Im Werkzeugbau interessieren uns vornehmlich zwei Arten der Entlohnung:

der Stückzeitakkord und das Prämienverfahren.

Die übliche Aufteilung eines Werkzeugbaues in die beiden Hauptgruppen „Maschinelle Teilebearbeitung" und „Zusammenbau" bringt bereits eine Vorentscheidung in dieser Richtung. Die klaren technologischen Voraussetzungen in der ersten Gruppe lassen hier ohne Frage die Einführung von Einzelakkorden zu. Werkstoff, Formgebung des Arbeitsstückes und Werkzeugmaschine geben die Rechengrößen für die Vorgabezeit ab.

Die Wahl des Entlohnungsverfahrens für die zweite Gruppe ist dagegen von einigen Faktoren abhängig, die wir einer eingehenderen Untersuchung unterziehen wollen. Ohne Zweifel lassen die reinen Handarbeitszeiten mit ihren, die handwerkliche Arbeitsweise charakterisierenden Eigenarten kalkulationstechnisch nicht zu, den Zeitbedarf bis in die feinsten Verästelungen zu verfolgen, um dann aus den Einzelzeiten einen Additivwert für den Zusammenbau eines Werkzeuges zu bilden. Die Verschachtelung der Arbeitsfolgen würde nach der additiven Zeitermittlung zu hohe Vorgabezeiten ergeben.

Während reine Schnittwerkzeuge hinsichtlich ihres Ausprobierens normalerweise keine nennenswerten Schwierigkeiten bereiten, wird die Zusammenbauzeit der Verbundwerkzeuge durch die Eigenschaften des zu verarbeitenden Werkstoffes und die Eigenfunktion des Werkzeuges stärkstens beeinflußt. Bei Biege- und größeren Verbundwerkzeugen ist es fast die Regel, daß die wiederholte Nachbearbeitung der Biege-stempel, hervorgerufen durch die unterschiedlichen federnden Eigen-schaften des Werkstoffes, zu sehr hohen Zeitnachforderungen führt. Um die Vorgabezeiten für den Werkzeug-Zusammenbau durch diese im voraus zeitlich schwer zu bestimmenden Operationen nicht zu ver-wässern, sind die Richtzeiten für das „Ausprobieren" gesondert auf-zustellen. Diese Richtzeiten sind in erster Linie von der Anzahl, Form und Funktion der Stempel abhängig (Näheres s. Abschnitt „Richt-wertbildung und Zeitvorgabe", S. 20 ff). Allein diese Tatsachen lassen erkennen, welcher intensiven und langwierigen betrieblichen Unter-suchungen es bedarf, um die Kalkulationsunterlagen gewissenhaft und betriebsnahe erstellen zu können. Gerade dieser Punkt findet aber bei sehr vielen Firmen nur sekundäre Beachtung, und die Folge ist, daß sich die erhofften Vorteile einer nicht mit der erforderlichen Umsicht eingeführten Verakkordierung unter der Lupe des Betriebswirtschaft-lers gesehen, als negative Anstrengung herausstellen. Es mag an der verhältnismäßig flachen Erfahrung liegen, wenn man bei Betriebs-untersuchungen immer wieder auf die untergeordnete Behandlung der Frage nach dem geeigneten Entlohnungsverfahren stößt. Und es soll an dieser Stelle nochmals mit aller Eindringlichkeit auf den Wert sol-cher Voruntersuchungen hingewiesen werden. Erst wenn eindeutige Klarheit über die Art und Größe der Betriebsaufgabe besteht, soll eine nachfolgende zahlenmäßige Untersuchung der Arbeitsgruppen und -plätze das Gerüst für den eigentlichen Aufbau der Kalkulations-unterlagen bilden. Dabei kann man zweckmäßigerweise wie folgt vor-gehen:

1. Zahlenmäßige Ermittlung der
    a) akkordfähigen Arbeiten
    b) bedingt akkordfähigen Verrichtungen
    c) nicht akkordfähigen Arbeitsplätze.

2. Kenntnis der Verlustzeitquellen und ihre Unterteilung nach:
    a) Verteilzeiten, die unter Berücksichtigung unabänderlicher Werkstattverhältnisse als Normzeiten zu betrachten sind
    b) Verteilzeiten, die vom jeweiligen Stand der Werkstattorgani-sation abhängig sind und beeinflußt werden können.

3. Kenntnis des durchschnittlichen Leistungsgrades der Werk-statt.

4. Erstellung der Kalkulationsunterlagen unter Berücksichtigung von 1 und 2.

Zu 1: Unter „akkordfähigen Arbeiten" sind in erster Linie alle Verrichtungen zu verstehen, die zur Gruppe „Maschinelle Teilefertigung" gehören.

Zu den „bedingt akkordfähigen" Arbeiten zählen zunächst alle Verrichtungen der Gruppen „Werkzeugzusammenbau" und „Werkzeugreparatur". Zweckmäßigerweise wird man diese Arbeiten mit einer Leistungsprämie abgelten, da die Bildung von exakten Kalkulationsunterlagen, wie sie für den Einzelakkord vorausgesetzt werden, eine geraume Zeit in Anspruch nimmt. In größeren Werkstätten mit mehr als 25 Produktiven sollte dieser Aufwand jedoch nicht gescheut werden; er bedeutet zwar zunächst eine große Vorbereitungsinvestition, wird aber, auf weite Sicht gesehen, vom Nutzen übertroffen.

Als „nicht akkordfähig" sind diejenigen Arbeiten zu bezeichnen, die einem völlig aperiodischen Ablauf unterliegen und deren Abfolgen so verschachtelt sind, daß ihr zeitlicher Verlauf sich im voraus nicht übersehen läßt. Hierunter fällt das Glühen und Härten, das Verwalten und Ausgeben von Werkzeugen, das Anfertigen von Mustern, das Prüfen fertiggestellter Werkzeuge u. ä.

Zu 2a: In jedem Betrieb werden sich bei kritischer Betrachtung Mängel herausstellen, die den erwünschten Fertigungsfluß in Frage stellen. Eine Beseitigung dieser Unebenheiten ist aber oft nicht möglich, da sie außerhalb des Einflußbereiches der Betriebsorganisation liegen. Zu solchen Fällen zählen: Unorganisch aufgeteilte Arbeitsplätze infolge unzureichender Raumverhältnisse, ungenügende Auswahl an Fräsern und Schleifscheiben, zu wenig Meßwerkzeuge; die Meßuhren wandern von einem Arbeitsplatz zum andern. Die Maschinen können nicht optimal ausgenutzt und die Arbeiten nicht in der vorgesehenen Weise durchgeführt werden. Da solche Werkzeuge sehr teuer sind, wird sich ihre Auffüllung in absehbarer Zeit nur selten verwirklichen lassen. Die Reihe dieser erschwerenden Momente läßt sich beliebig fortsetzen; ihre Größe soll aber bekannt sein, da die normalen Kalkulationswerte um diesen Verteilzeitbetrag zu erhöhen sind.

Zu 2b: Im Gegensatz zu den zwangläufig in Kauf zu nehmenden Verteilzeitursachen wird sich eine Reihe anderer störender Momente noch vor der Einführung des Akkordes beseitigen lassen. Es sind dies solche Mängel, die vom technisch-organisatorischen her meist ohne Kostenaufwand abgestellt werden können. Nur sollte es nicht bei dem Versuch bleiben, die Bereinigung einem späteren Zeitpunkt zu überlassen. Es ist nur zu natürlich, daß es dann infolge anderweitiger Anspannung der Arbeitskräfte bei dem guten Vorsatz bleibt. Solche Verteilzeiten können entstehen durch unübersichtliche Unterbringung des

persönlichen Werkzeuges, unzureichende Bereitstellung von Hilfs-
stoffen, fehlende Sauberkeit und Ordnung am Arbeitsplatz, mangel-
hafte bzw. nicht zügige Bereitstellung der Arbeitsstücke, fehlende
Arbeitsunterweisung, ungenügende Maschinenpflege, Wartezeiten im
Transportwesen usw.

Zu 3: Der Leistungsgrad hängt von der persönlichen Eignung und
dem gewollten Verhalten des Arbeiters ab. Seine Kenntnis ist un-
erläßlich bei der Auswertung der Zeitaufnahmen und bei der Lohn-
einstufung, sowie bei der Verdienstüberwachung. Bei der leistungs-
mäßigen Einstufung des Arbeiters kann die Leistungsgradtabelle,
Abb. 1, zum Zwecke des Vergleichs herangezogen werden.

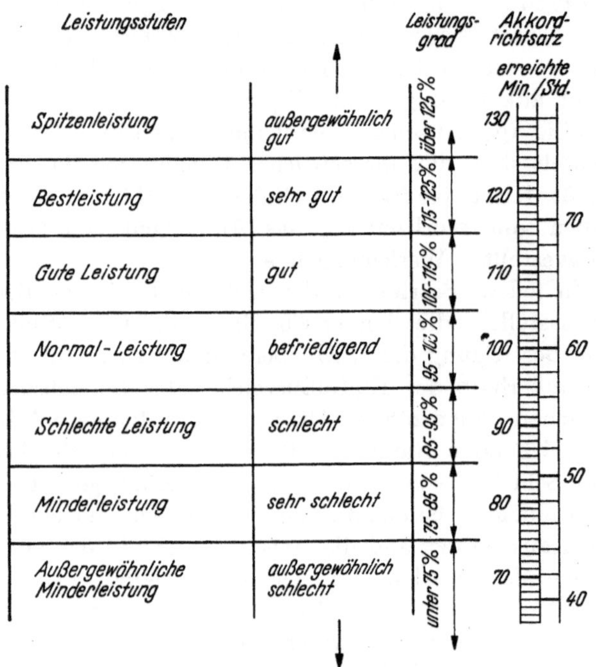

Abb. 1. Leistungsgradbestimmung

Zu 4: Nach Abschluß der Vorermittlungen wird man eine ausreichende Übersicht vorliegen haben, in welcher Höhe die Verteilzeit-
zuschläge den Hauptzeiten zuzuordnen sind, und über die Wahl des
Entlohnungsverfahrens entscheiden können. Der Einwand, daß mehrere
Lohnsysteme einen spürbaren Mehraufwand im Lohnbüro bedeuten,
ist unzutreffend. Bei einem geschickt gelösten Formularwesen und einer
zügigen Behandlung der Akkordscheine fällt im Lohnbüro keine nen-
nenswerte Mehrbelastung an.

In der Praxis wurden folgende Anteile an Fertigungszeiten im Verhältnis zur Gesamtzeit eines Werkzeuges ermittelt:

Fertigungsgruppe	Durchschnittsanteile in % zur Gesamtzeit	Verhältnis zur Zeitwirtschaft
Maschinelle Teilebearbeitung	55	Akkordfähig
Werkzeugzusammenbau	37	Akkordfähig
Werkzeuge Ausprobieren	5	Bedingt akkordfähig
Prüfen und sonstige	3	Nicht akkordfähig

Da in der vorstehenden zahlenmäßigen Auswertung einer großen Reihe gemischter Werkzeuge auch komplizierte Verbundwerkzeuge enthalten sind, lassen sich die obigen Zahlen in Anbetracht ihrer verhältnismäßig geringen Streuung mit einiger Sicherheit auch als Vergleichsmaßstab für die kapazitive Besetzung der Werkstattgruppen verwenden.

1. Der Einzelakkord

Seine Nutzanwendung in der zerspanenden Verformung ist seit Jahrzehnten hinreichend bekannt. Dank der umfangreichen Gemeinschaftsarbeit des „REFA" wurde auf diesem Gebiet eine Großzahl von Zeitwerten in Form der bekannten „REFA-Blätter" zusammengetragen, deren Benutzung weiten Kreisen der Industrie zur wesentlichen Steigerung der Leistung verholfen hat.

Während früher das persönliche Können des Arbeiters den Ausgangspunkt für die Lohnfestsetzung darstellte, wurde diese Einstellung im Verlauf der Weiterentwicklung der leistungsgebundenen Entlohnung allmählich verlassen, und an Stelle des Menschen trat die Arbeit in den Vordergrund der Bewertung. Der Arbeitsgang wurde nach dem Grad

der körperlichen Anstrengung — der geistigen Beanspruchung —

der Berufserfahrung — und des Umwelteinflusses

beurteilt und in Gruppen eingestuft. Der Arbeitswert ist mithin das Maß für die Gesamtheit der Anforderungen, die die Ausführung einer Arbeit an den Ausführenden stellt. An Stelle des Arbeiters selbst, trat der Wert der Arbeit, den BEDAUX als erster erkannt und in seinem „BEDAUX-System" verankert hat.

Die Weiterentwicklung der Bewertungsverfahren führte schließlich zur Lohngruppe, die seit geraumer Zeit zu einem festen Begriff der Zeitvorgabe geworden ist. Der wachsende Umfang der Literatur, die sich mit den Problemen der Arbeitsbewertung[1] beschäftigt und die bereits

---

[1] Siehe Literaturverzeichnis auf S. 120.

eine Anzahl von Bewertungsmethoden eingehend erläutert, beweist deutlich das steigende Interesse an einer gerechten Lohnfindung. Das Endziel der Arbeitsbewertung, die nach einem der zur Zeit bekannten vier Grundverfahren vorgenommen werden kann, soll die Überführung der Bewertungsergebnisse in einen gerechten Lohn sein. Es sollte daher jeder Betrieb, der Wert auf geordnete Entlohnungsverhältnisse legt, der Arbeitsbewertung dieselbe Beachtung schenken, wie sie bei der Schätzung des persönlichen Leistungsgrades zugrunde gelegt wird.

Die praktische Anwendung des Einzelakkordes ist in den Tarifverträgen zwischen den Arbeitgeber- und Arbeitnehmerverbänden geregelt. Dabei stellt der Akkordrichtsatz (AR = Grundlohn + 15%) die tariflich festgelegte geldliche Entlohnung der Normalleistung für eine im Akkord durchgeführte Arbeit dar. Unter Normalleistung ist die von einem geeigneten Arbeiter billigerweise zu fordernde Leistung zu verstehen, die der Durchschnitt der Belegschaft auf die Dauer einzuhalten imstande ist. Bei einer abgegebenen Normalleistung soll die Verdiensthöhe gleich dem Akkordrichtsatz sein. Da der Grundlohn gemäß dem Tarifvertrag gleichzeitig Mindestlohn bedeutet, besitzt der Akkordlöhner einen Spielraum zwischen Grundlohn und Spitzenlohn. Unterbietet der Akkordlöhner leistungsmäßig die ihm vorgegebene Zeit, so erhält er für die verrichtete Arbeit den vorgegebenen Zeitwert bezahlt. Die eingesparte Zeit kommt ihm bei der nächsten Arbeit zugute.

2. Das Prämienverfahren

Die Gruppe „Werkzeugzusammenbau" läßt sich erfahrungsgemäß durchaus stückzeitmäßig erfassen, sofern die bereits erwähnte intensive Zeitforschung vorausgegangen ist und der Arbeitsablauf folgerichtig aufgegliedert wurde. Dort, wo die immerhin nicht unbeträchtlichen Vorarbeiten für die Schaffung von Akkordunterlagen gescheut werden oder die Größe des Betriebes diesen Aufwand nicht rechtfertigt, wird die Anwendung einer Leistungsprämie empfohlen. Die Kalkulationsunterlagen verbleiben dann im Stadium eines Zeitgerippes, das sich aus den immer wiederkehrenden Hauptverrichtungen zusammensetzt, während die Nebenarbeiten individuell geschätzt werden müssen. Die Arbeitsgänge erhalten hier auch eine gröbere Unterteilung, als dies bei einer analytischen Kalkulation der Fall ist. In der Regel umfassen die Aufwendungen für die wiederkehrenden Hauptarbeiten den größten Anteil am Gesamtaufwand, und nur etwa 20% unterliegen als Ausnahme- oder Sonderarbeiten einer zusätzlichen Schätzung.

Bei der Anwendung eines Prämienverfahrens wird eine Grundzeit festgelegt, die bei Einhaltung oder Unterschreitung eine Prämie auslöst. Die bekanntesten Prämiensysteme sind die von HALSEY, ROWAN und GANTT. Letztere kommt seltener zur Anwendung, da die Vorgabezeit für den Bestarbeiter zugeschnitten ist; dafür kommt allerdings *jede* Unterschreitung der Bestzeit dem Arbeiter voll zugute, während bei HALSEY und ROWAN nur ein Teil der eingesparten Zeit prämiiert wird. In der Regel wird so verfahren, daß die geschätzte Vorgabezeit, die reichlich bemessen ist, als Mindeststundenverdienst gewährleistet wird. Bei Unterschreitung der Vorgabezeit, was im allgemeinen der Fall ist, wird der unterschrittene Zeitbetrag mit 30 bis 50% seines Wertes prämiiert. Je mehr die geschätzte Zeit unterboten wird, desto größer ist der Mehrverdienst. Bei ROWAN, dessen Verfahren dem von HALSEY gleichkommt, wird die Prämie aus dem Verhältnis eingesparte Zeit : Vorgabezeit errechnet.

GANTT unterscheidet schließlich zwischen *Zeitunter*schreitungen und *Zeitüber*schreitungen: Beim Überschreiten der Vorgabezeit erhält der Arbeiter nur den gewöhnlichen Zeitlohn, oder es wird sogar ein Abschlag von 20 bis 25% vorgenommen (ähnlich TAYLOR); bei Zeitunterschreitungen regelt sich die Prämiengewährung wie bei HALSEY und ROWAN.

Außer der Leistungsprämie kann, um nicht nur die Intensität zu prämiieren und die Qualität außer acht zu lassen, eine Sorgfaltsprämie gewährt werden. In Abhängigkeit von der Sauberkeit der Ausführung und der persönlichen Ausschußquote erhält der Arbeiter eine laufende Sonderprämie, die ihm dann versagt wird, wenn im Lohnabrechnungszeitraum ein von ihm persönlich zu vertretender Arbeitsausschuß entstanden ist oder die Qualität der Arbeit nicht den Werkstattanforderungen entspricht.

Die Prämienverfahren bieten mithin einen genügenden Spielraum, um alle tarifrechtlich und lohntechnisch möglichen Entlohnungsformen unter Mitbestimmung des Betriebsrates anzuwenden.

IV. Fertigungsvorbereitung und Fertigungsfluß

In jeder Planmäßigkeit liegt ein wesentlicher Anteil des Erfolges verankert. Ohne planmäßige Auftragsvorbereitung wird man von einer Fertigung kaum erwarten dürfen, daß sie ihre Aufgabe rationell durchzuführen imstande ist. Mit der wachsenden Betriebsgröße schwindet die Möglichkeit, den Arbeitsablauf vom Meisterpult aus störungsfrei zu steuern. Eine nicht unbeträchtliche Anzahl von Vor- und Nebenarbeiten, Arbeitsablaufdispositionen und Terminfragen ist mit der Einleitung des Werkzeugauftrages verbunden, und es ist Aufgabe der Fertigungsvorbereitung, alle diese Koordinaten des Arbeitsablaufes sinnvoll in den Fertigungsfluß einzuordnen. Hier erwächst dem Betriebswirtschaftler eine der dankbarsten und interessantesten Aufgaben der

Betriebsorganisation. Stellt doch die Fertigungsvorbereitung im Betriebsleben ein Mittel dar, dessen günstiger Einfluß auf die wirtschaftliche Durchführung eines Auftrages längst unter Beweis gestellt ist. Der verwickelte Fertigungsplan eines Verbundwerkzeuges, die hohen Anforderungen, die die neuzeitliche Wirtschaft stellt, und die damit verbundene Forderung nach Einschaltung sorgfältig ausgebildeter Verfahren machen es notwendig, den folgerichtigen Fertigungsablauf planmäßig vorzubereiten und zu überwachen. Es gehört ein ausgeprägtes Gefühl dazu, die Organisation nicht erstarren und die persönliche Leistung nicht erdrücken zu lassen. Der Ausspruch von der weisen Beschränkung als Beweis meisterlicher Gestaltung gilt hier ganz besonders. Man halte sich immer vor Augen, daß der Nutzen stets größer als der Aufwand sein muß. Ein einheitliches Schema der Fertigungsvorbereitung läßt sich allerdings nicht aufstellen, da die betrieblichen Vorgänge unterschiedlichen Einflüssen unterliegen.

Ob es sich nun um einen ausgesprochenen Werkzeuge herstellenden Betrieb handelt, der außer der Erzeugung und Reparatur von Werkzeugen keinen anderen Fertigungszweig betreibt, oder ob wir an ein größeres stanzereitechnisches Unternehmen mit angeschlossener eigener Werkzeugabteilung denken, immer wird es sich als vorteilhaft erweisen, den Werkzeugbau als solchen arbeitsvorbereitungstechnisch als ein selbständiges Gebilde zu betrachten. Seine Fertigungsmethoden unterscheiden sich grundsätzlich von denen der Serien- bzw. Massenfabrikation und verlangen daher eine individuelle Behandlung. In den Abb. 2 bis 4 ist der Aufgabenbereich der Fertigungsvorbereitung, wie er für verschieden große Werkzeugbetriebe zugeschnitten ist, funktions- und ablaufmäßig dargestellt.

Es bedeuten:

① Konstruktionszeichnung;   ⑤ Auftragskarte;
② Stückliste;   ⑥ Werkstoff-Bezugskarte;
③ Fertigungsplan;   ⑦ Fertigstellungsmeldung.
④ Akkordkarte;

In Abhängigkeit von der Betriebsgröße wird man zwischen zwei Organisationsformen zu wählen haben: der planenden und der disponierenden Steuerung. In einer kleineren Werkstatt werden sich Auftragseinleitung und Arbeitsfortschritt auf dem direkten Wege der mündlichen Disposition schneller steuern lassen als in größeren Betrieben, in denen der Fertigungsablauf einer planenden Regelung bedarf.

Bei einer Betriebsgröße von 10 bis 15 Produktiven lassen sich alle werkstattgebundenen Dispositionen in einer Hand vereinigen. Die geringe Anzahl der Arbeitsplätze ermöglicht auch ohne organisatorische Hilfsmittel eine gute Übersicht über den Fertigungsverlauf. Die erforderlichen Vor- und Umdispositionen zwischen Vorkalkulator und

Meister können mündlich getroffen werden. Das Formularwesen wird auf die einfachste Form gebracht: Kalkulationsblatt, Akkordschein und Stückliste bilden ein einziges Formular, welches im Durchschreibeverfahren erstellt werden kann.

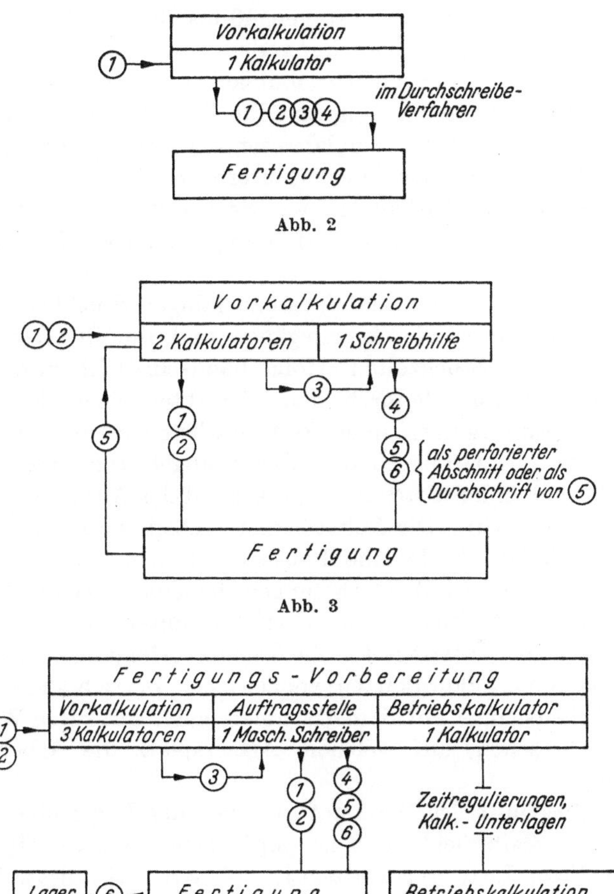

Abb. 2

Abb. 3

Abb. 4

Der normal zu verarbeitende Werkstoff wird, abgesehen von einigen unter Verschluß liegenden hochwertigen Stahlsorten, jedem Arbeiter zugänglich sein und die Ausstellung eines gesonderten Werkstoff-Bezugscheines somit unnötig machen. Auftragsbestand und Arbeitsfortschritt lassen sich bei dieser Größenordnung ohne besondere Aufzeichnungen direkt überblicken (Abb. 2).

Bei der nächsten Betriebsgröße, die etwa 20 bis 25 Produktive umfaßt, ist das Formularwesen den Forderungen nach einem überwachten Arbeitsablauf anzupassen. Es empfiehlt sich, Akkordkarte, Fertigungsplan und Laufkarte getrennt auszustellen und letztere als Fertigstellungsmeldung zu benutzen (Abb. 3).

Bei einer Werkstättenkapazität von 40 bis 70 Produktiven nehmen Auftragseinleitung und Überwachung der Arbeit, insbesondere aber die Auswertung der Betriebsaufschreibungen zum Zweck der Leistungskontrolle, einen größeren Umfang an. Für Betriebe dieser Größenordnung soll nachstehend das Formularwesen der Fertigungsvorbereitung kurz besprochen werden. Das hier erläuterte Vordrucksystem hat sich bei seinem einfachen Aufbau in der Praxis gut bewährt; es läßt eine unkomplizierte und zügige Verfolgung des Arbeitsfortschritts zu (Abb. 4).

An Hand der Zeichnung und eines pausfähigen Stücklistenoriginals legt der Vorkalkulator die Arbeitsgänge und die Stückzeiten fest. Die Eintragung der Stückzeiten erfolgt handschriftlich in das Stücklistenoriginal, das nun dadurch den Charakter einer Zeitstückliste erhält. Aus den Eintragungen in der Zeitstückliste wird auf dem Schreibmaschinenplatz ein Ormig-Umdruckblatt angefertigt, von welchem dann eine Anzahl Akkordkarten (entsprechend der Anzahl der Arbeitsplätze) abgezogen wird. Die Zeitstückliste selbst wird im Lichtpausverfahren vervielfältigt. Je eine Pause dient dem Vorkalkulator als Beleg und Unterlage bei Wiederholungen derselben Arbeit, der Werkstatt als Auftragsstückliste bzw. Fertigungsunterlage und dem Betriebskalkulator als Unterlage für die Terminverfolgung. An Hand der zurückkommenden Akkordkarten versieht der Betriebskalkulator die erledigten Arbeitsgänge mit dem Datumstempel. Auf diese Weise läßt sich leicht übersehen, auf welchem Arbeitsplatz die Arbeit liegengeblieben ist.

Für den Zuschnitt des Werkstoffes erhält das Lager ebenfalls eine Lichtpause der Zeitstückliste. Die empfangenen Werkstoffpositionen werden auf dieser Liste werkstattseitig quittiert. Stückliste, Auftragskarte und Werkstoffbezugskarte sind also in einem einzigen Formular vereinigt (s. Abb. 5). Zusätzlich benötigter Werkstoff wird auf handschriftlich ausgeschriebenen Anforderungsscheinen bezogen, die der Gegenzeichnung des Betriebskalkulators bedürfen.

An dieser Stelle wird die durchschnittliche kopfzahlmäßige Besetzung der Werkzeugkalkulation interessieren. Sie ist insofern von besonderem Interesse, als die Verhältniszahl Vorkalkulatoren : Produktive immerhin den Maßstab für die Beurteilung der Aufwendungen in der Kalkulation liefert. — Während eines Zeitraumes von vier Jahren wurden in einer Vorkalkulation, die einer Werkzeugmacherei von

Werkzeug-Benennung:				Auftrag-Nr.:																			
Zeichnungs-Nr.:				Lfd.-Nr.:																			
Datum:	Name:																						
Lfd. Nr.	Einzelteil	Stück	Rohmaß	Werkstoff	Zuschneiden	Hobeln	Sägen (Band-)	Drehen	Fräsen	Feilen (Masch.)	rd. schleifen	fl. schleifen	prof. schleifen	Glühen/Härten	Lehrenbohren	Lehrenschleifen	Fertigstellen		Zusammenbauen	Zusammenbauen			Ausprobieren
Kalkuliert:	Stückliste:		Gesamtminuten																				
am:	Blatt:		Lohnfaktor																				
durch:	Gesamtblatt:		Arbeitsplatz-Nr.																				

Abb. 5. Zeitstückliste

ORMIG-Umdruckblatt		Werkzeug-Benennung:
		Zeichnungs-Nr.:

Blatt: ...... Blattzahl:	Auftrag-Nr.: .... Lfd. Nr.: ....
Datum: .... Name:	Termin: .... Genehmigt: ....

Arbeitsvorgang:

Arbeitsplatz	Lohn-gruppe	Minuten	Arbeitsplatz	Lohn-gruppe	Minuten
Zuschneiden			Lehrenbohren		
Hobeln			Lehrenschleifen		
Sägen (Band-)			Fertigstellen		
Drehen			....		
Drehen			Zusammenbau		
Fräsen			Zusammenbau		
Fräsen			Zusammenbau		
rd. schleifen			Zusammenbau		
fl. schleifen			....		
fl. schleifen			....		
prof. schleifen			Ausprobieren		
Glühen/Härten			....		

Fertigst.-Datum:	Meister:	Betr.-Kalkulator:	Lohnbüro:	Nachkalkul.:
....	....	....	....	....

Abb. 6. Ormig-Umdruckblatt bzw. Akkordkarte (Vorderseite)

Zeit		Begründung	Betriebs-Kalkulator	Gesamt-Minuten	Verrechnung
gebraucht	nachgefordert				

Abb. 7. Akkordkarte (Rückseite)

durchschnittlich 55 Produktiven vorstand, folgende Beobachtungen gemacht:

Bei einer Zeitvorgabe unter Zugrundelegung *errechneter* Vorgabezeiten entfielen auf einen Vorkalkulator 16 Produktive.

Bei Zeitvorgaben, die unter Verwendung von *Schätzwerten* (Prämien-Verfahren) in den Betrieb gegeben wurden, lag das Verhältnis Vorkalkulatoren: Produktive bei 1:22.

Als Mittelwert kann mithin eine Verhältnis von 1 : 18 und bei sehr gut eingearbeiteten Vorkalkulatoren ein solches von 1 : 20 angenommen werden.

1. Die Betriebskalkulation als Überwachungsstelle

Für die laufenden Zeitregulierungen und Ergänzungen der Kalkulationsunterlagen ist der Einsatz eines besonderen Betriebskalkulators, wie er im vorhergehenden Abschnitt bereits erwähnt wurde, von Bedeutung. Diese Investition, der man aus Kostengründen gerne aus dem Wege geht, amortisiert sich auf lange Sicht gesehen nicht nur, sondern sie stellt die einzige lebenswichtige Betriebsfunktion dar, die über die Wirtschaftlichkeit oder Unwirtschaftlichkeit im Betriebe aussagen kann. Der unmittelbare Betriebsvorgesetzte wird sich nicht immer mit den Fragen der Wirtschaftlichkeit im einzelnen auseinandersetzen können, da seine Beanspruchung von der praktischen Seite her ihm nicht die Möglichkeit hierzu gibt.

Neben einem wesentlichen Beitrag zum reibungslosen Ablauf der Akkordregulierungen, deren Überprüfung am Arbeitsplatz während der Ausführung der Arbeit die einzige Möglichkeit exakter Klärung bietet, schafft der Betriebskalkulator erst das Material zur weiteren Untermauerung und Verfeinerung der bestehenden Kalkulationsunterlagen und damit schließlich die Mittel zum schnelleren Durchlauf der Aufträge innerhalb der Fertigungsvorbereitung. Darüber hinaus obliegen ihm folgende weitere Aufgaben zur unmittelbaren Beeinflussung der produktiven Kosten:

1. Feststellung der Ursachen des betrieblichen Leerlaufes (dessen Größe von der Betriebsleitung meist weit unterschätzt wird).
2. Erzieherische Einwirkung auf den Arbeiter, die wirklich benötigte Zeit je Arbeitsgang auf die Akkordkarte zu schreiben.
3. Ausarbeitung von Vorschlägen zur Erlangung eines ungestörten Fertigungsflusses.

Seine enge persönliche Kopplung mit jedem Arbeitsplatz vermittelt dem Betriebskalkulator den besten Einblick in das gesamte Betriebsgeschehen und liefert ihm, vorausgesetzt, daß er einer kritischen Beurteilung fähig ist, aus der täglichen Inaugenscheinnahme der Arbeitsvorgänge das lebendige Material für die vorerwähnten Aufgaben, deren individuelle Bearbeitung dem Betriebsingenieur oder Meister infolge anderweitiger Beanspruchung nicht möglich ist.

Ein besonderes Sorgenkind ist in vielen Betrieben die Ermittlung der tatsächlich aufgewendeten Arbeitszeit je Arbeitsgang oder Werkstück. Mit zunehmender Betriebsgröße wächst auch der in Arbeit befindliche Auftragsbestand, und es läßt sich nicht vermeiden, daß ein Arbeiter oft an drei oder mehr Aufträgen gleichzeitig arbeitet. Dieser Umstand führt dazu, daß der Arbeiter aus vielerlei Gründen (dringende Zwischenarbeit, nachträgliche Aushändigung der Akkordkarte, wiederholte Arbeitsunterbrechung usw.) die angefallenen Zeiten nicht unmittelbar nach Beendigung der Arbeitsgänge auf die Akkordkarten schreiben kann und so eine Zeitverschiebung zustande kommt, die eine genaue Selbstkostenermittlung erschwert. Aber nicht nur die Frage der Kostenaufteilung hängt von der richtigen Zeitschreibung ab; auch der statistische Vergleich des Leistungsgrades und sein Verhältnis zum erzielten Verdienst wird durch die ungenaue Zeitschreibung illusorisch. Schließlich werden auch alle organisatorischen Maßnahmen von den Betriebsaufschreibungen abgeleitet. In dieser Richtung erwächst dem Betriebskalkulator die wichtige Aufgabe, je nach Lage der objektiven und subjektiven Momente geeignete Maßnahmen zur Erlangung exakter Betriebsaufschreibungen zu treffen.

Zeitnachforderungen größeren Umfanges sind immer ein Zeichen dafür, daß etwas nicht in Ordnung ist. Selbst dann, wenn keine Zweifel an der Richtigkeit der Vorgabezeit bestehen, treten in jedem Betrieb unvorherzusehende oder zusätzliche Momente auf, deren Skala vom Materialfehler und Arbeitsausschuß bis zur persönlichen Minderleistung reicht. Diese Zeitnachforderungen werden sich niemals restlos beseitigen lassen, aber es gehört zur Zielsetzung einer Fertigungsvorbereitung, die Schwerpunkte der Nachforderungen zu erkennen und den Hebel zur Abstellung anzusetzen.

Ein einfaches und bewährtes Verfahren, diese Schwerpunkte bald herauszustellen, ist die Nachforderung der Arbeitszeiten unter Benutzung des in Abb. 8 wiedergegebenen Formblattes. Werkstattseitig wird die Nachforderung unter Angabe

des Nachfordernden (Name und Arbeitsplatz — des Fertigungsteiles — der Höhe der zusätzlich benötigten Zeit — der Begründung für die Nachforderung)

über den Betriebskalkulator gestellt. Letzterer überprüft am Arbeitsplatz die Richtigkeit der Nachforderung. Die wöchentliche Auswertung der Formblätter kann, je nachdem, ob die sachlichen oder persönlichen Begründungen überwiegen, nach der einen oder anderen Richtung vorgenommen werden.

<table>
<tr><td rowspan="3">Zeitnachtrag für:</td><td>Auftrag-Nr.: ....   Zeichnungs-Nr.: ....</td></tr>
<tr><td>Lfd. Nr.: ....</td></tr>
<tr><td>Teil: ....</td></tr>
<tr><td>Werkzeugbau</td><td>Teilebau
Zusammenbau
Reparatur</td><td colspan="2">Name: ....   Datum: ....</td></tr>
</table>

Punkt	Ursache der Zeitnachforderung	Arbeitsgang	Faktor	Minuten
1	Unvorhergesehene zusätzliche Arbeiten			
2	Konstruktionsänderungen			
3	Zeichnungsmängel			
4	1-Maschinen Bedienung			
5	Unrichtige Zeitvorgabe			
6	Unrichtige Arbeitsfolge			
7	Betriebsgeb. Arbeitsunterbrechung			
8	Werkstoff-,Werkzeug- u. Masch.-Mängel			
9	Persönlicher Arbeitsausschuß			
10				

Zeitnachtrag geprüft und anerkannt:	Vorkalkulation erledigt am: ....
Meister: Betriebskalkulator:	durch: ....

Abb. 8. Formblatt für Zeitnachforderungen

2. Die Arbeitsverteilung

Mit der Einleitung eines Auftrages durch die Fertigungsvorbereitung ist aber nur ein Teil der Vorarbeit für einen reibungslosen Werkstättendurchlauf gewährleistet. Für die rechtzeitige Bereitstellung des Werkstoffes, der Vorrichtungen, Lehren, Sonderwerkzeuge usw., weiterhin für die Verteilung und Weiterleitung der Werkzeugeinzelteile bis zum Werkzeugzusammenbau, kurzum für die Lenkung des gesamten Fertigungsflusses, ist eine weitere Dienststelle einzuschalten: Die Arbeitsverteilung.

Welche Vor- und Zwischendispositionen dieser Stelle obliegen, veranschaulicht der nachstehende Aufgabenplan der Arbeitsverteilung. Aus ihm geht hervor, welche Aufgaben dieser Stelle während des Fertigungsablaufes zukommen.

Von der Bereitstellung des Werkstoffes angefangen bis zur Überleitung der fertigen Einzelteile an den Zusammenbau hat diese Stelle alle vorbereitenden Arbeiten lückenlos und folgerichtig durchzuführen. Auf diese Weise lassen sich die innerbetrieblichen Voraussetzungen für einen reibungslosen Arbeitsablauf schaffen.

2*

1. Fertigungsunterlagen (Auftrag) in Empfang nehmen,

2. Werkstoff und Normteile aus dem Lager beziehen, prüfen und zwischenlagern,

3. Erforderliche Anrißarbeiten am Werkstück vornehmen,

4. Bereitstellung von Vorrichtungen und Lehren,

5. Zuleitung des Werkstoffes an die Arbeitsplätze,

6. Zwischenkontrolle und Zwischenlagerung der Einzelteile,

7. Überleitung der halbfertigen Teile an die nachfolgenden Arbeitsplätze,

8. Weiterleitung der fertigen Einzelteile aus der maschinellen Teilefertigung an den Werkzeugzusammenbau.

Abb. 7a. Aufgabenplan der Arbeitsverteilung

Allerdings gehören zur Beseitigung von hemmenden Einwirkungen auf den Fertigungsfluß noch andere, die Arbeitsverteilungsstelle nicht berührende Maßnahmen, deren Verwirklichung Angelegenheit des Betriebsingenieurs oder Meisters ist. Im besonderen wird der Betriebsvorgesetzte sein Augenmerk auf folgende Erscheinungen zu richten haben:

Störungen	*Ursachen*
Maschinenstörungen	Sorgfältiger Schmierdienst
Keine optimale Maschinenausnutzung	Fehlende Instandhaltung, ungeeignete Werkzeuge, Kühlung
Ungenügende Arbeitsplätze	Licht, Bewegungsfreiheit, fehlende Sitzgelegenheit, keine Ablagemöglichkeit
Mangelhaftes Transportwesen	fehlende Fahr- bzw. Begehungspläne
Wartezeiten	Unzulängliche Materialausgabe, fehlende Meßwerkzeuge
Subjektive Minderleistung	Fehlende Unterweisung und Ausbildung
Späne und Abfallanhäufung	Transportwesen und Kehrdienst

Jedes dieser Beispiele ist natürlich ein Aufgabengebiet für sich. Je tiefer die Analysierung der störenden Einflüsse vorgenommen wird, desto einfacher ist es, die Einzelursachen zu erkennen und sie abzustellen.

V. Richtwertbildung und Zeitvorgabe

1. Gliederung der Arbeitsgruppen

Im Abschnitt „Lohnsysteme", S. 5 ff., wurde bereits auf die werkstattmäßige Trennung der Arbeitsgruppen *Maschinelle Teilefertigung* und *Werkzeugzusammenbau* hingewiesen. Diese Trennung wird durch die kalkulations- und arbeitstechnisch unterschiedlichen Arbeitsgänge beider Gruppen begründet. Aus Gründen der Übersichtlichkeit ist es bei der Bildung der Zeitrichtwerte empfehlenswert, den *Werkzeugzusammenbau* noch weiter aufzugliedern und die zusätzlichen Nebengruppen *Werkzeugreparatur* und *Werkzeugausprobieren* zu bilden. Diese vier Arbeitsgruppen stellen nun den Ausgangspunkt für die Sammlung, Auswertung und Ordnung der Vorgabezeiten dar.

Aus einer Großzahl praktischer Vergleiche wurde ein Verhältnis der Aufwandarten innerhalb dieser Gruppen ermittelt, welches im allgemeinen Werkzeugbau als annähernd konstant bezeichnet werden kann (s. Abb. 9). Die Gruppe *Werkzeugreparatur* läßt sich allerdings infolge des zahlenmäßig sehr unterschiedlichen Reparaturanfalles nicht in die Vergleichsreihe aufnehmen.

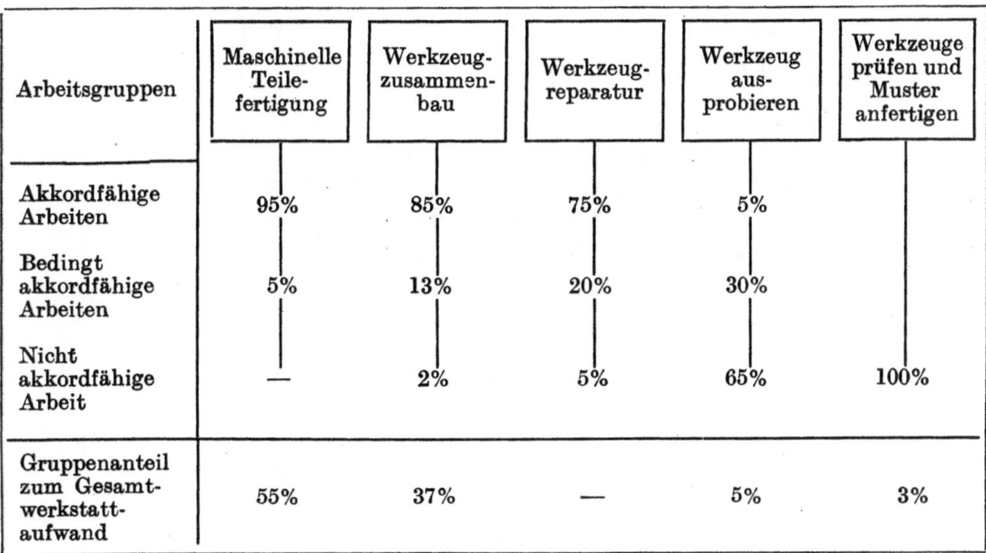

Arbeitsgruppen	Maschinelle Teilefertigung	Werkzeugzusammenbau	Werkzeugreparatur	Werkzeug ausprobieren	Werkzeuge prüfen und Muster anfertigen
Akkordfähige Arbeiten	95%	85%	75%	5%	
Bedingt akkordfähige Arbeiten	5%	13%	20%	30%	
Nicht akkordfähige Arbeit	—	2%	5%	65%	100%
Gruppenanteil zum Gesamtwerkstattaufwand	55%	37%	—	5%	3%

Abb. 9. Gliederung der Werkzeug-Arbeitsgruppen

Grundsätzlich wird man sich zu Beginn der Zeitermittlung zunächst um solche Arbeitsgänge kümmern, die sehr häufig anfallen und einen größeren Zeitbedarf beanspruchen. Im weiteren Verlauf werden dann diejenigen Richtwerte, die zwar für eine Prämienentlohnung als Grundlage genügen, aber für den Einzelakkord noch einer Korrektur bedürfen, bis zur endgültigen Vorgabereife verfeinert. Den Abschluß bilden dann die Zeiten für Sonder- bzw. seltener vorkommende Arbeiten.

2. Die Zeitermittlung für die maschinelle Teilefertigung

In Anlehnung an die Arbeitsgruppengliederung soll in den nachfolgenden Abschnitten die Praxis der Zeitermittlung und Erstellung

von Zeittafeln behandelt werden. Um den Vorkalkulator nicht mit
der Auffrischung längst bekannter und in der einschlägigen Literatur
ausführlich behandelter Formeln für die Ermittlung der Haupt- und
Nebenzeiten an Werkzeugmaschinen hinzuhalten, sollen lediglich diejenigen Arbeitsvorgänge hervorgehoben werden, deren Zeitbedarf
nach bestimmten, für den Werkzeugbau zugeschnittenen Methoden ermittelt wurde. Die Zeittafeln für die übrigen Arbeiten sollen nur der

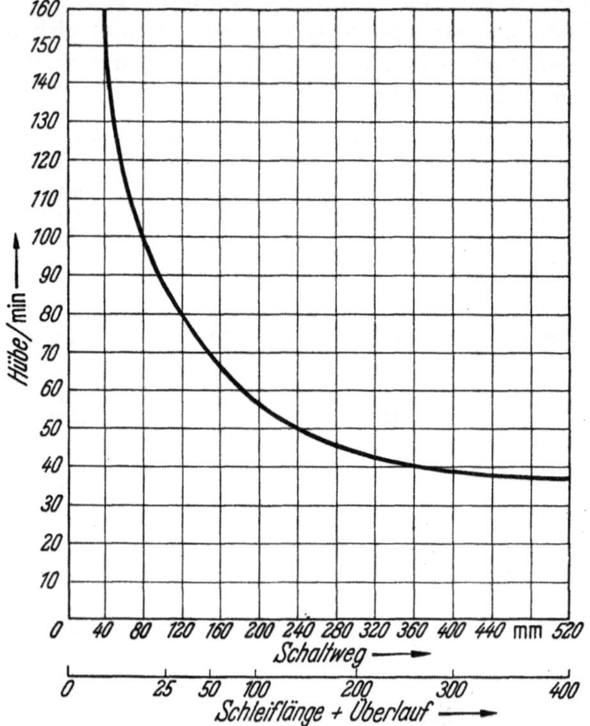

Abb. 10. Tischhübe/Minute an Flachschleifmaschine A 1

Vollständigkeit halber und als Unterlage für die im letzten Abschnitt
gebrachten praktischen Beispiele der Werkzeugkalkulation Aufnahme
finden.

Die in den Tabellen enthaltenen Vorgabezeiten stellen Refa-t_e-Zeiten
dar; die anteilige Einordnung der Nebenzeiten in die fertig errechneten
Vorgabewerte erspart dem Kalkulator die nachträgliche zeitraubende
Zusammenstellung der einzelnen Zeitarten zur Gesamtzeit. Natürlich
können die hier wiedergegebenen Zeitwerte nicht ohne weiteres andern-
orts verwendet werden, da sie auf die Maschinenleistungen und Betriebsverhältnisse abgestimmt sind, die zur Zeit der Richtwertbildung vor-

gelegen haben. Dies ist auch ein Grund dafür, von der Veröffentlichung umfangreicher Zeittabellen für die grundlegenden Arbeiten, wie Drehen, Flachfräsen, Hobeln usw., im Rahmen dieser Schrift Abstand zu nehmen. Der betriebsnahe und verantwortungsbewußte Vorkalkulator wird sich immer an die Leistungskarten des vorhandenen Maschinenparkes anlehnen. Das Zahlenmaterial einer gedruckten Zeittabelle, die irgendeiner Fachschrift entnommen wurde, übt bekanntlich eine zwingende Suggestivkraft auf solche Vorkalkulatoren aus, die sich in der Werkstoffkunde, der Zerspanungslehre und der Entwicklung und Einkleidung von Bearbeitungsformeln nicht sattelfest fühlen. Nur zu oft werden „gedruckte" Zeittabellen als unumstößlicher Maßstab einer autoritativen Fachquelle hingenommen, ohne dabei zu bedenken, daß diese Zeiten unter ganz bestimmten Bedingungen entstanden sind. Es erscheint daher angebrachter, an Stelle von fix und fertig ausgearbeiteten Tabellen dem Vorkalkulator einschlägige Hinweise zur Entwicklung eigener Zeittafeln zu geben. In diesem Sinne sollen auch die im Anschluß behandelten, kalkulationstechnisch besonders interessanten Arbeitsvorgänge an einigen Werkzeugmaschinen verstanden werden.

a) Flachschleifen

Bei der Frage, ob der Vorschub der Schleifscheibe beim Schleifen von Paßnuten seitlich oder von oben her erfolgen soll, ist der letzteren Methode der Vorzug zu geben. Abb. 11 veranschaulicht diesen Vorgang. Der horizontale Vorschub der Schleifscheibe gegen die Seitenwände der Nut bringt mehrere Nachteile mit sich:

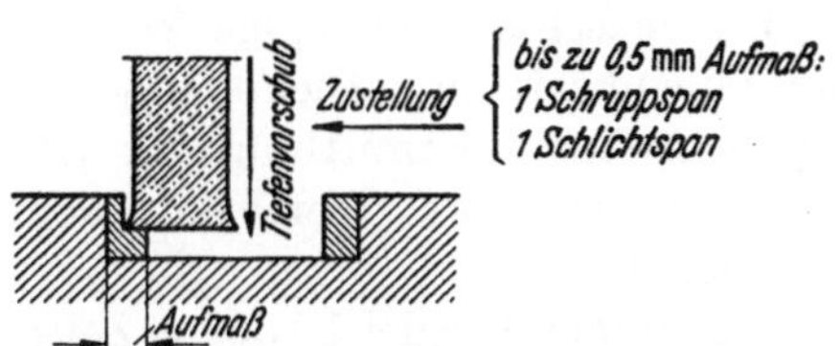

Abb. 11. Schleifen einer Nut auf seitliches Paßmaß

1. Bei längeren Nuten wird die Scheibe in Längsrichtung abgedrängt, so daß die Nut in der Mitte ein kleineres Maß aufweist als an den Enden. Dieses Weggehen der Schleifscheibe macht sich um so mehr bemerkbar, je schmaler die Nut ist,

2. da die Scheibe mit einer größeren Fläche am Werkstück anliegt, ist die Wärmeaufnahme und damit die Verzugsgefahr für das Werkstück größer,

3. der Schleifscheibenverschleiß ist größer als beim Tiefenvorschub,

4. der Vorschubwert muß geringer gehalten werden,

5. die Zahl der Meßvorgänge erhöht sich, da jegliche Kontrolle der Scheibenzustellung fehlt.

Von einer rechnerischen Ermittlung der Schleifzeit kann unter diesen Umständen nicht mehr die Rede sein.

Den in Tab. 1 enthaltenen Schleifzeiten liegen Werkstattwerte zugrunde, die im nachstehenden Beispiel angewendet werden sollen.

2a*

Es ist eine Nut von 50 mm Länge, 10 mm Breite und 9 mm Tiefe zu schleifen. Als Schleifaufmaß werden 0,25 mm angenommen.

Zunächst werden die Seitenwände der Nut geschliffen; hierbei ist

$$t_h = \frac{\text{Nutentiefe}}{\text{Hubzahl} \cdot \text{Tiefenvorschub}} \, 2$$

$$\text{Schruppen:} \quad t_h = \frac{9}{67 \cdot 0,05} \, 2 = \qquad 5,4 \text{ Min.}$$

$$\text{Schlichten:} \quad t_h = \frac{9}{67 \cdot 0,015} \, 2 = \qquad 18,0 \text{ Min.}$$

Nach der Zeitformel für den Bodenschliff

$$t_h = \frac{\text{Nutenbreite} \cdot \text{Schleifaufmaß}}{\text{Hubzahl} \cdot \text{Vorschub} \cdot \text{Zustellung}}[1]$$

ist

$$\text{Schruppen:} \quad t_h = \frac{10 \cdot 0,25}{67 \cdot 0,5 \cdot 0,05} = \qquad 1,5 \text{ Min.}$$

$$\text{Schlichten:} \quad t_h = \frac{10 \cdot 0,05}{67 \cdot 0,15 \cdot 0,005} = \qquad 10,0 \text{ Min.}$$

Summe	t_h	34,9 Min.
Die Nebenzeiten für diese Nut belaufen sich nach Tab. 3. auf	t_n	17,5 Min.
	t_g	52,4 Min.
Die Verteilzeit in der Schleiferei betrug auf Grund von Verteilzeitaufnahmen 6%	t_v	3,1 Min.
Die t_e-Zeit für die Nut beträgt mithin.	t_e	55,5 Min.

Die maschinenabhängige Zeit der Hübe/Minute ist entweder der Maschinenkarte zu entnehmen oder an der Maschine selbst zu messen. Zur schnelleren Ermittlung der jeweilig benötigten Hubzahlen empfiehlt es sich, diese Werte in einem Kurvenblatt zusammenzustellen (s. Abb. 10).

Bei einem Vergleich der t_e-Zeiten in Tab. 1 wird man feststellen, daß diese nicht immer proportional der Nutengröße folgen. Die Unterschiede erklären sich aus den unterschiedlichen Anteilen der Nebenzeiten, die sich auf die t_e-Zeit spürbar auswirken.

Außer den häufig vorkommenden parallelen Nuten kommen im Werkzeugbau Formnuten an Schnittstempeln und sogenannten Schnitt- bzw. Führungsplatteneinsätzen vor (offene Plattendurchbrüche). Für solche Formnuten lassen sich die Vorgabezeiten ebenso errechnen, nur muß man zuvor über den Schleifvorgang im klaren sein, um diesen in die Berechnungsformel einsetzen zu können. Nachstehend ein Beispiel, aus dem die Ermittlung der Schleifzeit für solche Arbeiten hervorgeht.

---

[1] Die in die Formel eingesetzten Zustellwerte sind etwa 10% niedriger zu halten, um dadurch den Minderabschliff gegenüber dem theoretisch errechneten Wert auszugleichen.

Tabelle 1. *Vorgefräste Nuten schleifen*

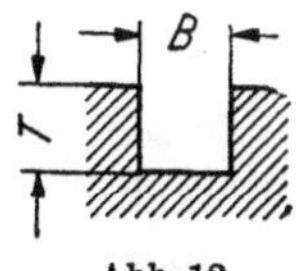

t_e-Stückzeit in Minuten

Nutentiefe	Nutenlänge	Nutenbreite in mm				
		3,5 — 4	5 — 6	7 — 10	11 — 15	16 — 20
3—5	10— 25	37	34	38	43	49
	26— 60	42	38	43	50	53
	61—100	48	43	50	57	64
6—9	10— 25	52	48	49	54	48
	26— 60	59	55	56	63	67
	61—100	67	64	65	72	78
10—15	10— 25	70	64	64	67	73
	26— 60	81	77	74	80	87
	61—100	92	88	86	91	100

Tabelle 2. *Rüst- und Nebenzeiten an Flachschleifmaschinen*

Rüstzeit:

Auftrag empfangen, Zeichnung lesen, Bearbeitungsfolge
überlegen . . . . 5,0 Min.
Maschine einrichten . . . . 0,8 Min.
Maschine reinigen und Auftrag beenden . . . . 3,0 Min.

t_{rg} 8,8 Min.
$+6\%$ t_{rv} 0,5 Min.
t_r 9,0 Min.

Nebenzeiten:

Schleifscheibe vor dem Schleifen abziehen . . . . . . 2,5 Min.
Schleifscheibe während des Schleifens abziehen . . . . 1,5 Min.
Zeit für einen Schrupp-Meßvorgang . . . . 0,5 Min.
Zeit für einen Schlicht-Meßvorgang . . . . 1,5 Min.

(Die Anzahl der erforderlichen Meßvorgänge wurde in Abhängigkeit von der
Nutengröße empirisch ermittelt und in Tab. 3 zusammengestellt).

Tabelle 3. *Hilfstafel für Nebenzeiten an Flachschleifmaschinen*

Klammerzahl = Schleifscheibe abziehen
Offene Zahl = Messen und Schnitte anstellen

Nutentiefe	Nutenlänge	Nutenbreite in mm				
		3,5 — 4	5 — 6	7 — 10	11 — 15	16 — 20
3 — 5	10— 25	(7) 13,5	(7) 9	(7) 9	(7) 9	(7) 9
	26— 60	(8,5) 13,5	(7) 9	(7) 9	(7) 9	(7) 9
	61—100	(10) 13,5	(8,5) 9	(8,5) 9	(8,5) 9	(8,5) 9
6 — 9	10— 25	(8,5) 18	(7) 13,5	(7) 10,5	(7) 10,5	(7) 10,5
	26— 60	(10) 18	(8,5) 13,5	(7) 10,5	(7) 10,5	(7) 10,5
	61—100	(11,5) 18	(10) 13,5	(8,5) 10,5	(8,5) 10,5	(8,5) 10,5
10 — 15	10— 25	(10) 21	(8,5) 16,5	(7) 12,5	(7) 12,5	(7) 12,5
	26— 60	(11,5) 21	(10) 16,5	(7) 12,5	(7) 12,5	(7) 12,5
	61—100	(14,5) 21	(11,5) 16,5	(8,5) 12,5	(8,5) 12,5	(8,5) 12,5

Es soll eine Formnut nach Abb. 13 geschliffen werden. Die Länge der Nut beträgt 25 mm.

Für die Seitenwand ist

$$t_h = \frac{\text{Nutentiefe}}{\text{Hubzahl} \cdot \text{Tiefenvorschub}}$$

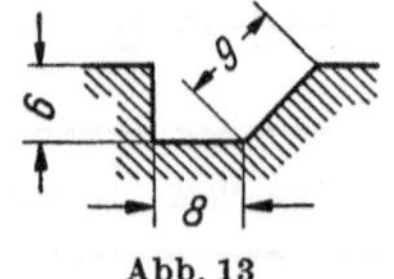

Abb. 13

$$\text{Schruppen: } t_h = \frac{6}{82 \cdot 0{,}05} = \qquad 1{,}4 \text{ Min.}$$

$$\text{Schlichten: } t_h = \frac{6}{82 \cdot 0{,}015} = \qquad 4{,}9 \text{ Min.}$$

Die Zeit für den Boden und die Schräge berechnet sich nach

$$t_h = \frac{B + B' \cdot \text{Schleifaufmaß}}{\text{Hubzahl} \cdot \text{Vorschub} \cdot \text{Zustellung}}$$

$$\text{Schruppen: } t_h = \frac{8 + 9 \cdot 0{,}25}{82 \cdot 0{,}5 \cdot 0{,}05} = \qquad 2{,}0 \text{ Min.}$$

$$\text{Schlichten: } t_h = \frac{8 + 9 \cdot 0{,}05}{82 \cdot 0{,}15 \cdot 0{,}005} = \qquad 14{,}0 \text{ Min.}$$

$$\text{Summe } t_h \qquad 22{,}3 \text{ Min.}$$

An Nebenzeiten werden benötigt:

Abziehen der Schleifscheibe . . . . 7,0 Min.
Messen und einpassen . . . . 10,5 Min.
Zuschlag für Aufspannung mittels Sinusgeräts 1,0 Min.

$$
\begin{array}{lll}
18{,}5 \text{ Min.} & t_n & 18{,}5 \text{ Min.} \\
& t_g & 40{,}8 \text{ Min.} \\
+6\% & t_v & 2{,}4 \text{ Min.} \\
& t_e & 43{,}2 \text{ Min.}
\end{array}
$$

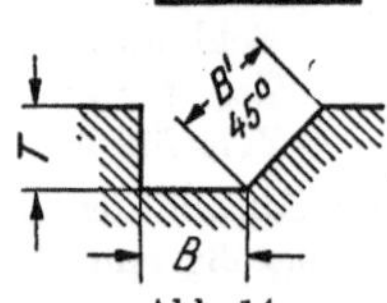

Tabelle 4. *Vorgefräste Formnuten schleifen*

Abb. 14

t_e-Stückzeit in Minuten

Nuten-tiefe T	Nutenlänge	Nutenbreite B + B' in mm			
		8	12	16	20
4	10— 25	34	36	37	39
	26— 60	37	39	41	45
	61—100	40	43	45	49
6	10— 25	—	—	42	44
	26— 60	—	—	47	50
	61—100	—	—	52	55
8	10— 25	—	—	48	50
	26— 60	—	—	54	57
	61—100	—	—	61	63
10	10— 25	—	—	—	54
	26— 60	—	—	—	62
	61—100	—	—	—	69

Tabelle 5. *Mittlere Werte für Vorschub und Zustellung bei Flachschleifarbeiten*

Zustellung:	Schruppen	0,05 mm
Schlichten	0,005 mm
Quervorschub:	Schruppen	0,5 mm
Schlichten	0,15 mm
Tiefenvorschub	Schruppen	0,05 mm
(Vertikalvorschub):	Schlichten	0,015 mm

b) Nuten aus dem Vollen schleifen

Ein größeres Spanvolumen wird man nur in zwingenden Fällen aus dem Vollen schleifen. Meist wird es die Verzugsempfindlichkeit sein, die von einem Ausglühen und nachträglichen Härten nach dem Zerspanungsvorgang Abstand nehmen läßt. In solchen Fällen wird sich der Aufwand einer umständlichen Schleifarbeit wahrscheinlich niedriger stellen als die Kosten für ein durch die Warmbehandlung verzogenes und dadurch schrottreif gewordenes Werkstück.

Beim Schleifen von Ausnehmungen aus dem Vollen würde man bei Verwendung der Flächenformel höhere Zeitwerte erhalten, als sie in der Praxis erreichbar sind. Und da die Schleifarbeit innerhalb der spanabhebenden Verformung zu den teuersten Arbeitsvorgängen zählt, ist an diesem Arbeitsplatz besonders auf eine rationelle Arbeitsweise zu achten.

Bei dem Ausschleifen aus dem Vollen wird man so vorgehen, daß mit der gesamten Scheibenbreite auf Tiefe geschliffen und, wenn es sich um eine größere Schleifbreite handelt, daneben ein zweiter oder dritter Einstich vorgenommen wird (s. Abb. 15). Anschließend wird der Boden geschlichtet, und schließlich werden die beiden Seiten auf Paßmaß geschliffen. Diese Arbeitsweise erspart das wiederholte seitliche Anstellen der Schleifscheibe bei jedem Durchgang. Die Haftfähigkeit des Werkstückes auf der Magnetplatte und der durch die Wärmeaufnahme bedingte Verzug wirken sich bestimmend auf die Zustellung aus. Bei Naßschliff und einer Scheibenbreite von 8 mm kann eine Zustellung von 0,01 mm als Mittelwert eingesetzt werden. Unter diesen Voraussetzungen ergibt sich folgende Bearbeitungsformel für das Ausschleifen des Mittelfeldes:

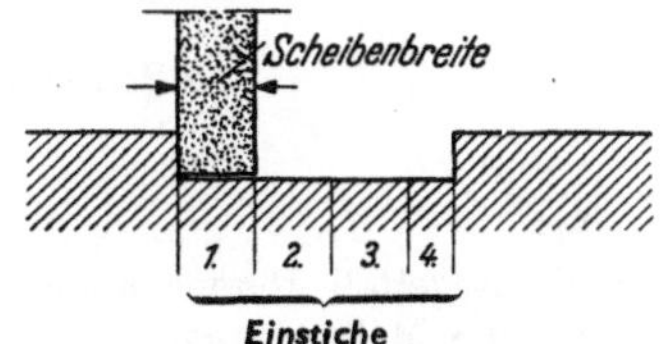

Abb. 15. Anzahl der Einstiche in Abhängigkeit von der Scheibenbreite

$$\text{Schruppen:} \quad \frac{\text{Nutentiefe in mm}}{n \cdot a} \times \text{Anzahl der seitlichen Einstiche}$$

$$\text{Schlichten:} \quad \frac{\text{Nutenbreite} \cdot \text{Schlichtaufmaß}}{\text{Hubzahl} \cdot \text{Vorschub} \cdot \text{Zustellung}}$$

Hierbei ist:

$$\text{Anzahl der seitlichen Einstiche} = \frac{\text{Nutenbreite}}{\text{Scheibenbreite}}$$

Der Quotient ist auf volle Zahlen aufzurunden!

Der Zeitbedarf für den Seitenschliff errechnet sich nach:

$$\text{Schruppen:} \ \frac{\text{Nutentiefe}}{\text{Hubzahl} \cdot \text{Schruppzustellung}} \ 2$$

$$\text{Schlichten:} \ \frac{\text{Nutentiefe}}{\text{Hubzahl} \cdot \text{Schlichtzustellung}} \ 2$$

Beispiel: In eine gehärtete, 20 mm starke Schnittplatte soll nachträglich eine seitliche Nut von 3 mm Tiefe und 25 mm Breite eingeschliffen werden.

t_h:

Für eine Länge von 20 mm beträgt der Schaltweg nach Abb. 10 112 mm; hieraus ergibt sich ein „n" von 86 Hüben/Minute.

$$\text{Boden schruppen:} \ \frac{3}{86 \cdot 0{,}008} \ \frac{25}{8} = 4{,}35 \times 4 \qquad\qquad = \qquad 17{,}4 \text{ Min.}$$

(Ein Zuschlag für Minderabschliff gegenüber dem errechneten Wert ist in der mit 0,008 mm eingesetzten Zustellung enthalten)

$$\text{Boden schlichten:} \ \frac{25 \cdot 0{,}05}{86 \cdot 0{,}15 \cdot 0{,}005} = \qquad 19{,}5 \text{ Min.}$$

$$\text{2 Seiten schruppen:} \ \frac{3}{86 \cdot 0{,}15} \ 2 = \qquad 1{,}4 \text{ Min.}$$

$$\text{2 Seiten schlichten:} \ \frac{3}{86 \cdot 0{,}015} \ 2 = \qquad 4{,}6 \text{ Min.}$$

$$t_h = \qquad \overline{42{,}9 \text{ Min.}}$$

t_n:

Als Regelfall können angesetzt werden:
für die Meßvorgänge:

    2 × messen während des Schruppvorganges
    (Mittelwert 0,5 Min.)   =   1,0 Min.
    3 × messen während des Schlichtvorganges
    (Mittelwert einschl. Schnitte anstellen 1,5 Min.   =   4,5 Min.

für das Abziehen der Schleifscheibe:

    1 × vor dem Schruppen   =   2,5 Min.
    3 × während des Schlichtens   =   4,5 Min.

$$t_u = \quad \overline{12{,}5 \text{ Min.}}$$

$$t_h = \quad 42{,}9 \text{ Min.}$$
$$t_n = \quad 12{,}5 \text{ Min.}$$
$$t_g = \quad \overline{55{,}4 \text{ Min.}}$$
$$+6\% \quad t_v = \quad 3{,}3 \text{ Min.}$$
$$t_e = \quad \overline{\overline{58{,}7 \text{ Min.}}}$$

Tabelle 6. *t_e-Zeiten in Minuten für das Ausschleifen von Nuten aus dem Vollen*

Nutentiefe	Nutenlänge	Nutenbreite in mm		
		10	20	30
2 mm	10— 25	32,0	43,0	54,5
	26— 60	37,5	51,0	66,5
	61—100	42,0	59,5	77,0
4 mm	10— 25	42,5	57,0	71,0
	26— 60	51,0	69,5	88,0
	61—100	58,0	80,0	102,5
6 mm	10— 25	50,0	70,0	88,0
	26— 60	68,0	93,0	117,0
	61—100	74,0	100,5	127,5

Abb. 16

Die Nebenzeiten in Tab. 3 beziehen sich auf normale Meßvorgänge, bei denen die Maßfestlegung von Außenkante zur Außenkante des Werkstücks erfolgt. Für Schleifarbeiten, deren Maße von einer Lochmitte aus nach vier Richtungen hin zu bestimmen sind, ist für das umständlichere Messen eine zusätzliche Nebenzeit von 12 Min. je Bohrung zu gewähren.

Die Vorgabezeiten für weitere Nutenformen lassen sich nun — von den beiden Beispielen formelmäßig abgeleitet — ebenso errechnen.

c) Profilschleifen

In der Gruppe der Schleifmaschinen nimmt die Profilschleifmaschine sowohl arbeits- als auch kalkulationstechnisch eine Sonderstellung ein. Die Forderung nach hohen Werkzeugstandzeiten bei gleichbleibender Genauigkeit der Stanzteile setzt eine besonders präzise Bearbeitung der Schnittstempel und Schnittplatteneinsätze (Segmente) voraus. Neben den bekannten Arbeitsverfahren mit profilierten Schleifscheiben verdient das Kopierschleifen mit seiner universellen Anwendbarkeit bei unregelmäßig geformten Stempeln und geteilten Plattendurchbrüchen besondere Beachtung.

Technologisch gesehen verlaufen allerdings die Arbeitsabfolgen dieses Verfahrens nicht so unkompliziert wie bei der Flach- oder Rundschleifmaschine. Während dort die gerade Fläche bzw. das runde Werkstück und die bekannten Rechengrößen eine ausreichend genaue Ermittlung der Hauptzeiten auf dem Formelwege zulassen, wird hier das rechnerische Vorgehen durch eine Vielzahl wechselseitiger Einflußgrößen erschwert. Der Versuch, den Arbeitsablauf in einzelne Abhängigkeitsgrößen zu zerlegen und den einzelnen Griffen *rechnerische* Zeitwerte zuzuordnen, ließ dieses Vorgehen infolge der Gefahr falscher Werte im additiven Zeitergebnis als ungeeignet erscheinen. Die An-

wendung der bekannten Rechenwerte des Vorschubs, der Zustellung
und der Schleifbreite führt hier nicht zum Ziel.

Zum besseren Verständnis des Schleifvorganges und seines Ein-
flusses auf die Zeitermittlung soll nachstehend das Arbeitsprinzip der
in Abb. 17 bis 19 gezeigten Profilschleifmaschine erläutert werden.

Für die zu schleifende Werkstückkontur wird zunächst eine Blech-
schablone im Verhältnis 4 : 1 bis 10 : 1 angefertigt. Auf der Bedienungs-

Abb. 17. Profilschleifmaschine für Schablonenschliff

seite der Schleifmaschine tastet ein um seine Spitze schwenkbarer
Taster die Kontur der befestigten Schablone ab und überträgt seine
Bewegung über ein Pantographensystem auf die um 180° schwenkbare
Schleifscheibe. Schleifschablone und Werkstück sind vorher sorgfältig in ihrer Lage zueinander zu überprüfen und auszurichten. Das
Werkstück wird mittels Magnetplatte oder Spannklauen auf dem in
vertikaler Richtung beweglichen Arbeitstisch aufgespannt; die Hin-
und Herbewegung des Werkstückes erfolgt also in derselben Weise
wie bei der Flachschleifmaschine. Vor Beginn der Schleifarbeit wird
die etwa 3 bis 4 mm starke Schleifscheibe nach der Form der Taster-
spitze abgezogen. Die automatische Tasterführung ermöglich ein selbst-

tätiges Schleifen, und die ununterbrochene, stufenlose Schleifarbeit gewährt einen einwandfreien und konturengerechten Schliff.

Bei den vorgefrästen, -gehobelten oder -geschliffenen Werkstücken, die auf der Profilschleifmaschine ihren letzten Konturenschliff erhalten sollen, weisen die von mannigfachen Formen unterbrochenen Schleifflächen begreiflicherweise kein einheitliches Aufmaß auf. Der Aufmaßbereich, der in Abhängigkeit vom Härteverzug der verschiedenen Werkstoffe eine im voraus nicht festzulegende Anzahl von Schnitten bedingt, ist dem Vorkalkulator vorher nicht bekannt. Eine weitere Unbekannte ist die Haftfähigkeit besonders formfreudiger Stempel

Abb. 18. Profilschleifmaschine für Schablonenschliff; Arbeitsseite mit Schleifscheibenanordnung und eingespanntem Werkstück

auf der Magnetplatte und ihr Einfluß auf die Zustellmöglichkeit der Schleifscheibe. Es ist daher einleuchtend, die Entwicklung von Zeit-

Abb. 19. Profilschleifmaschine für Schablonenschliff; Ansicht der Bedienungsseite mit Taster und eingespannter Schablone

tafeln für *Profil*schleifmaschinen nicht nach den bekannten Rechenformeln unter Einbeziehung der Werte für Vorschub, Zustellung und Schleifbreite vorzunehmen, sondern den Weg der empirischen Wertbildung unter Zugrundelegung der Profilformen einzuschlagen.

Um eine ausreichende Haftfähigkeit auf der Magnetplatte zu erreichen und außerdem den Stempel in die zur Schablone ausgerichtete Lage bringen zu können, sind bei stark verformten Schnittstempeln zuweilen Beilagen erforderlich, die erst angefertigt werden müssen. Es ist zweckmäßig, bereits bei der Konstruktion der Schleifschablonen an die Aufspannmöglichkeiten zu denken und diese Beilagen konstruktiv festzulegen, damit der Vorkalkulator einen Anhaltspunkt für den Schwierigkeitsgrad der Aufspannung bekommt (vgl. Tab. 9).

Tabelle 7. *Rüstzeit für Profilschleifmaschine*

Auftrag empfangen, Zeichnung lesen, Schablone prüfen	7,00 Min.
Übersetzungsverhältnis am Pantographen einstellen	2,50 Min.
Schablone aufspannen	1,50 Min.
Taster wechseln	1,50 Min.
Scheibe aufspannen	2,50 Min.
Hubhöhe mittels Exzenter einstellen	1,50 Min.
Tischgeschwindigkeit einstellen	0,50 Min.
Auftrag beenden, Zeit schreiben, Werkstück und Schablone ablegen	3,00 Min.
Maschine säubern	2,50 Min.
t_{rg}	22,50 Min.
t_{rv}	2,30 Min.
t_r rd.	25,00 Min.

Der Aufbau der Tab. 10 erfolgte in der Weise, daß zunächst in einer gesonderten Hilfstafel die empirisch festgestellte Anzahl der Meß- und Einpaßvorgänge für die verschiedenen Richtungsänderungen

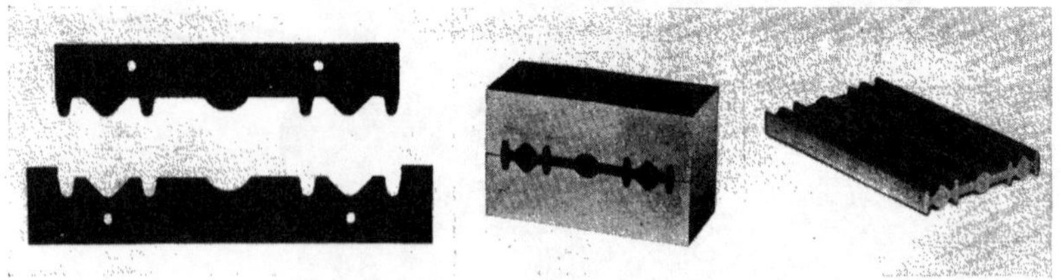

Abb. 20. Schablonen, 2teiliger Schnitteinsatz und dazu passender Schnittstempel

und Schleifbreiten eingetragen wurde. Gleichzeitig wurden unter denselben Bedingungen die erforderlichen Schleifscheiben-Abrichtvorgänge eingetragen. Die den Werten zugeschlagene Verteilzeit erspart die nachträgliche Anrechnung derselben bei der Addition der einzelnen Zeiten.

Tabelle 8. *Hauptzeit für Profilschleifarbeiten*

| Hübe/Min. | Länge des Werkstückes in mm | Hauptzeit in Min. je mm Schleifbreite für: | | | |
| | | hochleg. Chromstahl | | Kohlenstoffstahl | |
		Parallel-schliff	Hinter-schliff	Parallel-schliff	Hinter-schliff
80	0—30	2,4	2,8	1,7	2,0
60	31—50	2,8	3,6	2,0	2,6
40	51—65	4,2	5,0	3,0	3,6

t_h einschließlich 10% Verteilzeit

Obige Hauptzeiten für 1 mm Schleifbreite sind in Abhängigkeit von der Profilform des Werkstückes mit folgenden Faktoren zu multiplizieren:

Vorkommende Profilform am Werkstück	Hauptzeit je mm $\times$	Schleifweg „a" in mm $\times$	Faktor
Gerade Schleifflächen	—		1,00
Schräge Schleifflächen.	—		1,25
Außen- oder Innenradien . . .	—		1,50
Radien, die auf Umschlag zu schleifen sind	—		2,00
Eingeschlossene Ecken	—		Zahl der Ecken

Tabelle 9. *Nebenzeiten für Aufspannen und Ausrichten der Werkstücke auf Profil-schleifmaschinen*

| | t_n in Min. für Aufspannen und Ausrichten des Werkstückes | | |
	4 — 5	6 — 8	10 — 15
Aufspann-schwierigkeitsgrad	I	II	III
Form des Werkstückes	einfache, plane Schleif-stücke	Formstücke mit einer Unterlage	schwierige Profilformen / oder Um-schlagstücke
	Abb. 21	Abb. 22	Abb. 23 / Abb. 24
Art der Aufspannung	Magnetplatte	Magnetplatte	Aufspannvorrichtung

Bei Umschlag-Schleifarbeiten ist die Aufspannzeit doppelt einzusetzen.

Tabelle 10. *Nebenzeiten für Messen und Einpassen von Profilstücken einschließlich Schleifscheibe abziehen*

Zahl der Richtungs- änderungen	Schleifbreite in mm				
	0—40	41—80	81—120	121—160	161—200
2	21	34	42	53	63
3— 5	30	39	50	61	71
6— 8	37	46	59	70	80
9—12	—	52	67	78	88
13—17	—	59	74	85	96
18—22	—	—	86	96	106

t_n einschließlich 10% Verteilzeit

An zwei praktischen Beispielen soll die Berechnung eines Schnitt- platteneinsatzes und eines Schnittstempels unter Benutzung der Rechentafeln vorgeführt werden. Bei der Bewertung der Schleifzeit für offene Plattendurchbrüche ist besonders zu beachten, daß der Schleifer beide Einsätze, nämlich den der Schnittplatte und den der

Schnitteinsatz Abb. 25 profilschleifen $^1/_4°$ Hinterschliff.
Werkstoff: Kohlenstoffstahl   Stärke .des Schnitteinsatzes: 22 mm

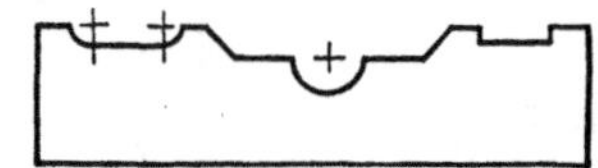

Abb. 25. Maßstab (1 : 1,5) Schnitteinsatz

t_r: 25 Min.
t_h: (t_h für 1 mm nach Tab. 8 = 2,0 Min.)
    Bewertung des Profils:
    Gerade Flächen   42   mm × Fakt. 1   × 2,0 Min. = 84 Min.
    2 Schrägen   8   mm × Fakt. 1,25 × 2,0 Min. = 20 Min.
    3 Radien mit
        Gesamtbogenlänge 17,5 mm × Fakt. 1,5 × 2,0 Min. = 53 Min.
    4 eingeschlossene
        Ecken 4   × 2,0 Min. =   8 Min. = 165 Min.
    Gesamtschleifbreite 67,5 mm

t_n:

    Aufspannen und Ausrichten des Werkstückes nach
      Tab. 9; Schwierigkeitsgrad I . . . . =   5 Min.
    Messen und Einpassen einschließlich Abziehen der
      Schleifscheibe:
      Schleifbreite . . 67,5 mm ⎫
      Zahl der Rich-   ⎬ nach Tab. 10
      tungsänderungen. 12   ⎭   = 52 Min. = 57 Min.

t_g = 222 Min.
$+ t_r$ = 25 Min.

T = 247 Min.

Führungsplatte gleichzeitig formschleift und nach vollendetem Parallelschliff lediglich den Schnittplatteneinsatz hinterschleift. Für die Hauptzeitermittlung gilt dann als Werkstücklänge die Plattenstärke beider Einsätze. Für das zusätzliche Hinterschleifen ist unter der einfachen Plattenstärke des Schnitteinsatzes die „Hauptzeit für den Hinterschliff" mit 0,3 zu multiplizieren.

Unerfreulich sind Zeitnachforderungen, die auf das Abschleifen erheblicher Aufmaße zurückzuführen sind. Da die Schleifarbeit bekanntlich einen nicht unerheblichen Anteil an den Herstellungskosten trägt, sollten diesem Arbeitsplatz unbedingt arbeitsgerecht vorbereitete Werkstücke angeliefert werden.

Weitere Vorbedingungen zur Einhaltung der Schleifzeiten sind eine genügende Auswahl an Schleifscheiben und eine ausreichende Bereitstellung einwandfreier Meßmittel.

Schnittstempel Abb. 26 profilschleifen   Parallelschliff
Werkstoff: Ölhärter   Stempellänge: 60 mm

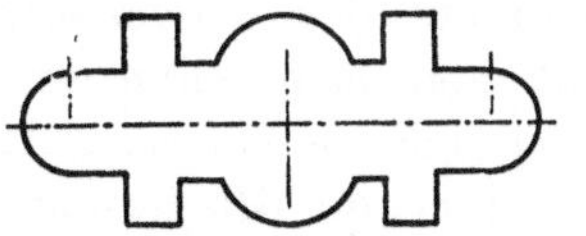

Abb. 26. Maßstab (1 : 1,5) Schnittstempel

t_r: 25 Min.

t_h:

((t_h für 1 mm nach Tab. 8 = 4,2 Min.)
Bewertung des Profils:
Gerade Flächen   96   mm × Fakt. 1   × 4,2 Min. = 403 Min.
4 Radien mit
    Gesamtbogenlänge 61   mm × Fakt. 1,5 × 4,2 Min. = 384 Min.
12 eingeschlossene
    Ecken 12   × 4,2 Min. = 50 Min.= 837 Min.
Gesamtschleifbreite 157   mm

t_n:

Aufspannen und Ausrichten des Werkstückes nach
    Tab. 9; Schwierigkeitsgrad III (2 ×   aufspannen,
    da Umschlagschliff)   = 25 Min.
Messen und Einpassen einschließlich Abziehen der
    Schleifscheibe:
    Schleifbreite . . 157 mm
    Zahl der Richtungs-   } nach Tab. 10
    änderungen . . 20   = 96 Min.= 121 Min.
                                        t_g = 958 Min.
                                      + t_r = 25 Min.
                                        T = 983 Min.

d) Formfräsen

Mit einem Anteil von etwa 25% zur maschinellen Teilebearbeitung stellt die Fräserei im Werkzeugbau nicht nur kapazitiv die stärkste Arbeitsgruppe dar, sondern sie zeichnet sich auch durch die formenreiche Darstellung der Werkstücke vor der übrigen spanabhebenden Verformung deutlich ab. Kalkulationstechnisch interessiert hier im besonderen die Herstellung von offenen Schnittplattendurchbrüchen und Formstempeln. Diese Arbeiten stellten von je her an den Vorkalkulator besondere Ansprüche hinsichtlich der Treffsicherheit der Zeitvorgabe, und es lag daher nahe, für solche Arbeiten Kalkulationsunterlagen zu schaffen, die eine formenabhängige Ableitung ihrer Zeitwerte zulassen. Die Vielgestalt der Schnittprofile verlangt begreiflicherweise auch eine weitgehende Aufgliederung der Arbeitsoperationen, wenn man zu wirklichkeitsnahen Arbeitszeiten gelangen will. Die oft geübte Regel, neben der Berücksichtigung des Werkstoffes und der Plattenstärke lediglich die Zahl der Richtungsänderungen (und bestenfalls eine Unterteilung letzterer in 2 bis 3 Größenbereiche) in Rechnung zu setzen, mag für einfache Durchbrucharbeiten ausreichen; für die Herstellung von Formschnittstempeln auf der Universalfräsmaschine genügt sie dagegen nicht. Hier muß man sich schon der Mühe unterziehen, die Bewertung der Formschwierigkeiten weiter aufzuteilen. Aus der Praxis heraus hat sich die nachstehende Gliederung der Arbeitsoperationen als brauchbar erwiesen.

Die Entwicklung der Tab. 11 erfolgte sinngemäß wie die der Haupt- und Nebenzeitentabellen für das Profilschleifen. Auch hier wurden die empirisch festgestellten Haupt- und anteiligen Nebenzeiten zunächst in einer Hilfstafel nach Arbeitsoperationen geordnet und schließlich in der t_e-Zeittabelle zusammengefaßt.

Erläuterung der nebenstehenden Aufgliederung

1. Vorzuschruppendes Zerspanungsvolumen 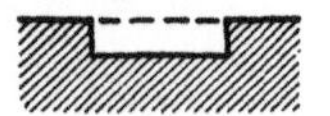	Die auszufräsende *Fläche* wird mittels Planimeter[1] ausgezählt. Die in Tab. 11 unter der ermittelten Felderanzahl befindliche Zeit bezieht sich auf 10 mm Stempellänge; sie ist also mit der Gesamtstempellänge oder Plattenstärke zu multiplizieren.
2. Außenradien 	Bewertet wird die zu fräsende *Bogenlänge* der Radien in mm.

---

[1] Ein solches Planimeter läßt sich leicht selbst herstellen, indem man in ein Stück durchsichtiges Zelluloid von der Größe 60×120 mm auf dem Zeichenbrett mittels Zirkelspitze ein Netz von 3 mm-Quadraten leicht einritzt. Ein darunter gelegtes Millimeterpapier erleichtert diese Arbeit. Die eingeritzte Fläche wird dann mit Tusche eingestrichen; nach dem Abwischen des Tuscherestes bleibt das Liniennetz sauber und deutlich zurück.

3. Innenradien

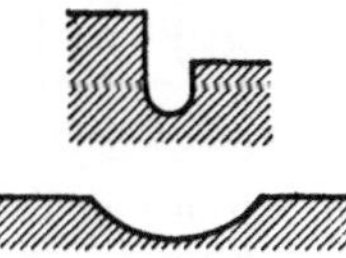

a) Mit Scheibenfräser:
Die Bearbeitungszeit ist abhängig vom *Radius* und von der *Frästiefe.*

b) Mit Walzenstirnfräser:
Die Bewertung erfolgt nach der *Bogenlänge* der Radien in mm.

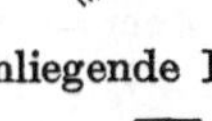

c) Mit Fingerfräser:
Bewertung wie unter b).

4. Schräge Flächen

Bewertet wird die *Länge* der Schräge in mm.

5. Innenliegende Ecken

Für das saubere Ausfräsen innenliegender Ecken bedarf es eines Zeitzuschlages, der durch das Nachschleifen des Fräsers bedingt ist. Bewertet wird die *Anzahl* der Ecken.

6. Einstiche

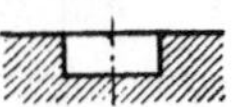

Kreissägeneinstiche kommen häufig vor; sie werden nach *Anzahl* und *Tiefe* bewertet.

7. Senklöcher

Die Vorgabezeit richtet sich nach der *Anzahl* und *Tiefe* der Löcher. In diesem Fall ist die abgelesene Zeit *nicht* mit der Stempellänge zu multiplizieren!

8. Zeitminderung bei Nachschliff

Besonders komplizierte Stempelformen, die außerdem für das Schneiden dünner Bleche vorgesehen sind, verlangen genaueste Paßarbeit. Den hohen Ansprüchen hinsichtlich der Konturengenauigkeit und größeren Standhaltigkeit des Werkzeuges kann nur durch nachträgliches Profilschleifen genügt werden.
Wird ein Teil der gefrästen Fläche nachgeschliffen, so verringert sich die Vorgabezeit für das Fräsen entsprechend. Zugrunde gelegt wird die *Schleifbreite* der nachzuschleifenden Fläche.

9. Formfräsen nach Muster ohne Zeichnung

Sollen Stempel oder Schnitteinsätze nach Muster gefertigt werden (Reparaturfall), so sind zur t_e-Zeit 15% für zusätzlichen Meß- und Einpaßaufwand zuzuschlagen.

10. Formfräsen nach Muster mit aufgelötetem Stanzteil

Vielfach wird zwecks Vermeidung umständlicher Meß- und Einpaßvorgänge ein maßgerechtes Stanzteil auf die Stirnseite des vorgehobelten Rohlings aufgelötet. Der Fräser kann nunmehr nach dieser aufgebrachten Schablone auf Maß zugestellt werden. In solchen Fällen entfällt nicht nur der unter 9. gewährte Zeitzuschlag, sondern die eingesparte Nebenzeit für Zeichnung lesen und Messen des Werkstückes ist um ihren Eigenwert von der t_e-Zeit wieder in Abzug zu bringen.

Kalkulationsbeispiele:

Formfräsen eines Schnittstempels nach Abb. 27

Werkstoff: Chromstahl

Stempellänge: 60 mm

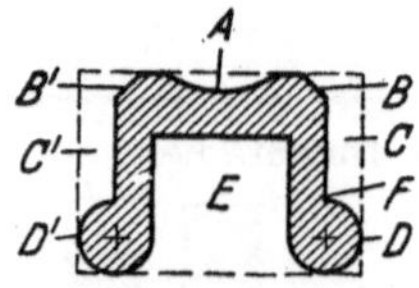

Abb. 27. Schnittstempel

Zerspanungsvolumen	E = 18 Felder	= 6,1 Min. × 6 cm =	37 Min.
	C = 5 Felder	= 3,0 Min. × 6 cm =	18 Min.
	C' = 5 Felder	= 3,0 Min. × 6 cm =	18 Min.
Außenradien	D = 17 mm	= 5,5 Min. × 6 cm =	33 Min.
	D' = 17 mm	= 5,5 Min. × 6 cm =	33 Min.
Innenradius (Mit Walzen-stirnfräser)	A = 12 mm	= 0,8 Min. × 6 cm =	5 Min.
Schräge	B = 4 mm	= 1,5 Min. × 6 cm =	9 Min.
Flächen	B' = 4 mm	= 1,5 Min. × 6 cm =	9 Min.
Eingeschlossene Ecken	F = 4 Stück	= 2,0 Min. × 6 cm =	12 Min.

$$t_e \quad 174 \text{ Min.}$$

$+ t_r$ (Schraubstock- u. Spitzenarbeit)   20 Min.

$$T \quad 194 \text{ Min.}$$

Tabelle 11. t_e-Zeiten für Formfräsarbeiten

t_e-Zeiten für 10 mm Fräslänge

Vorzuschruppendes Zerspanungsvolumen

Zahl der planimetrischen Felder	1	2	3	4	5	10	15
Minuten	2,2	2,4	2,6	2,8	3	4,2	5,2

20	25	30	35	40	45	50	55	60	65	70	75
6,1	6,9	7,6	8,5	9,2	10	10,7	11,4	12	12,6	13,2	13,8

Außenradien

Bogenlänge in mm	2	4	6	8	10	12	14
Minuten	1,0	1,8	2,5	3,2	3,8	4,4	4,8

16	18	20	22	24	26	28	30	32	34	36	38
5,3	5,9	6,3	6,6	7,2	7,5	7,9	8,3	8,7	9,0	9,3	9,6

Innenradien mit Radiusscheibenfräser

Radius	1 — 2	2,5 — 3,5	4 — 6
Tiefe mm 4	2,0	1,5	1,3
Tiefe mm 8	3,6	2,5	2,3
Tiefe mm 12	5,2	3,6	3,1
Tiefe mm 16	6,7	4,8	4,1

Innenradien mit Walzenstirnfräser

Bogenlänge in mm	20	30	40	50
Minuten	0,8	1,0	1,2	1,5

Innenradien mit Fingerfräser

Bogenlänge in mm	2	4	6	8	10	12	14
Minuten	1,0	1,4	1,8	2,1	2,4	2,7	2,9

Schräge Flächen mit Winkelfräser

Länge in mm	2	3	4	6	8	10	12
Minuten	0,9	1,2	1,5	2,1	3	3,9	4,5

14	16	18	20	22	24	26	28	30	32	34	36
5,1	5,4	6,0	6,6	7,2	7,8	8,4	9,0	9,6	10,2	10,8	11,4

Innenliegende Ecken

Anzahl der Ecken	2	4	6	8	10	12	14	16	18
Minuten	1	2	3	4	5	6	7	8	9

Einstiche mit Säge

Tiefe je Einstich in mm	0,5—1,0	1,5—2,0	2,5—3,5	4—6
Minuten	1,3	2,5	3,5	5

1 Loch senken

Lochtiefe in mm	1—2	3—5	6—10	11—15
Minuten pro Loch	3	4	5	7

(Zeit *nicht* mit Fräslänge multiplizieren!)

Zeitminderung bei Nachschliff

Schleifbreite in mm	3	5	10	15	20	25	30
Minuten	0,5	0,6	0,8	1,0	1,2	1,4	1,6

35	40	45	50	55	60	65	70	80	90	100
1,8	2,0	2,2	2,5	2,8	3,0	3,3	3,5	3,8	4,2	4,5

Die vorstehenden Tabellenwerte gelten für Stempel bis 60 mm Länge. Da die hierin zu etwa 30% enthaltenen Nebenzeiten nicht mit der Stempellänge wachsen, sind die errechneten Gesamtzeiten für längere Stempel mit den untenstehenden Faktoren zu multiplizieren.

Stempellänge	Zeitfaktor		Stempellänge	Zeitfaktor
70 mm	0,97		100 mm	0,88
80 mm	0,94		110 mm	0,86
90 mm	0,92		120 mm	0,84

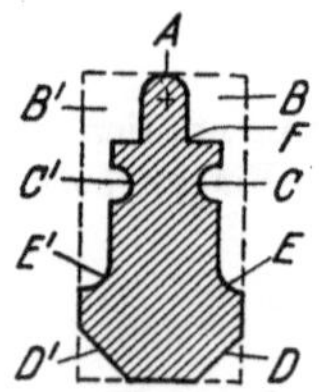

Abb. 28
Schnittstempel

Formfräsen eines Schnittstempels nach Abb. 28

Werkstoff: Chromstahl

Stempellänge 60 mm

Zerspanungsvolumen	$B = 10$ Felder	$= 4{,}2$ Min.	$\times$ 6 cm =	25 Min.
	$B' = 10$ Felder	$= 4{,}2$ Min.	$\times$ 6 cm =	25 Min.
Außenradius	$A = 6$ mm	$= 2{,}5$ Min.	$\times$ 6 cm =	15 Min.
Innenradien (Mit Fingerfräser)	$C = 6$ mm	$= 1{,}8$ Min.	$\times$ 6 cm =	11 Min.
	$C' = 6$ mm	$= 1{,}8$ Min.	$\times$ 6 cm =	11 Min.
	$E = 3$ mm	$= 1{,}2$ Min.	$\times$ 6 cm =	7 Min.
	$E' = 3$ mm	$= 1{,}2$ Min.	$\times$ 6 cm =	7 Min.
Schräge Flächen	$D = 7$ mm	$= 2{,}50$ Min.	$\times$ 6 cm =	15 Min.
	$D' = 7$ mm	$= 2{,}50$ Min.	$\times$ 6 cm =	15 Min.
Eingeschlossene Ecken	$F = 4$ Stück	$= 1{,}0$ Min.	$\times$ 6 cm =	6 Min.

$$t_e \quad 137 \text{ Min.}$$

$+ t_r$ (Schraubstock u. Spitzenarbeit)   20 Min.

$$T \quad 157 \text{ Min.}$$

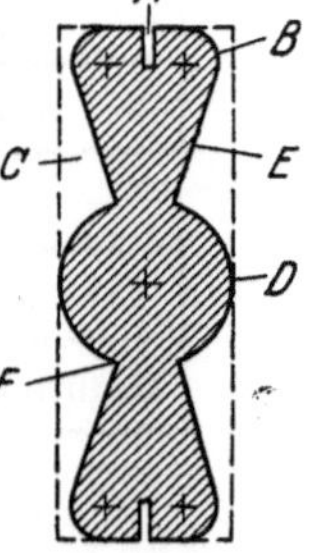

Abb. 29
Schnittstempel

Formfräsen eines Schnittstempels nach Abb. 29

Werkstoff: Kohlenstoffstahl

Stempellänge 60 mm

Bei Kohlenstoffstahl sind die Tabellenzeiten mit 0,65 zu multiplizieren.

Zerspanungsvolumen:

	$C = 18$ Felder	$= 5{,}8$ Min.	$\times 0{,}65 \times 6$ cm $\times 2$ =	45 Min.
Außenradien:	$D = 18$ mm	$= 5{,}9$ Min.	$\times 0{,}65 \times 6$ cm $\times 2$ =	46 Min.
	$B = 6$ mm	$= 2{,}5$ Min.	$\times 0{,}65 \times 6$ cm $\times 4$ =	39 Min.
Schräge Flächen:	$E = 14$ mm	$= 5{,}1$ Min.	$\times 0{,}65 \times 6$ cm $\times 4$ =	79 Min.
Einstiche:	$A = 4$ mm	$= 5{,}0$ Min.	$\times 0{,}65 \times 6$ cm $\times 2$ =	39 Min.
Eingeschlossene Ecken:	$F = 4$ Stück	$= 2{,}0$ Min.	$\times 0{,}65 \times 6$ cm =	8 Min.

$$t_e \quad 256 \text{ Min.}$$

$+ t_r$ (Schraubstock und Spitzenarbeit)   20 Min.

$$T \quad 276 \text{ Min.}$$

Bei der ersten Beurteilung dieses Kalkulationsschemas kann man leicht zu dem Schluß kommen, daß die Aufteilung der Arbeitsoperationen eine zu große Verästelung aufweist und die Dauer der Zeitermittlung dadurch unvertretbar lang wird.

Die Praxis spricht sich indessen gegen diese Vermutung aus. Die laufende Benutzung der Richtwerttafeln führt verhältnismäßig schnell zu einer Übung im Umgang mit ihnen. Bedeutend mehr Zeit würde aufzubringen sein, wenn die Vorgabezeit für eine im Einzelakkord vergebene Arbeit infolge oberflächlicher Schätzung zu niedrig eingesetzt, am Ende zu einer Reklamation führt. Der Betriebskalkulator wäre dann angehalten, die Vorgabezeit nachzurechnen und bei der Vorkalkulation Rückfrage zu halten. Endergebnis: Doppelter bis dreifacher Zeitverlust in der Vorkalkulation. Die Merkmale einer zu reichlichen Zeitvorgabe dagegen brauchen an dieser Stelle nicht erst kommentiert zu werden; solche „Auchkalkulationen" haben ihren wirklichen Sinn verloren.

e) Fräsen von Profil-Schleifschablonen

Voraussetzung für einen einwandfreien Profilschliff ist das Vorhandensein einer entsprechenden Schleifschablone. Solche Schablonen werden aus 2 bis 3 mm starkem Messingblech auf dem Lehrenbohrwerk gefräst. Bei der Entwicklung der Zeittafel kam es darauf an, die Vorgabezeiten für die verschiedenen Profilformen möglichst direkt ablesen zu können. Zunächst wurde daran gedacht, die gesamte Fräslänge, d. h. den Schablonenumfang, in mm als Basis für die Zeitermittlung aufzustellen und diesem Grundwert die Beiwerte für die verschiedenen Profilformen, wie Kurven, Schrägen, Ecken usw., beizuordnen. An sich ist dieser Weg begehbar, nur erschien das Ausmessen der oft recht verzwickt profilierten Schablonen zu umständlich. Der andere Weg, der unter Verzicht auf die Ausmessung des Profils schneller zum Ziele führt, beschränkt sich lediglich auf das zahlenmäßige Vorkommen der verschiedenen Profilformen. Bei der Auswertung einer Reihe von Zeitaufnahmen zeigte sich nämlich, daß die Hauptzeiten im Verhältnis zu den Nebenzeiten relativ gering sind und die einzelnen Fräserdurchgänge ohne Rücksicht auf die Fräslängen bewertet werden können. Es hat sich dabei nach mehreren Versuchen eine Aufteilung der Fräsvorgänge ergeben, die in der praktischen Erprobung brauchbare Werte lieferte und die zu einer schnellen Vorgabezeitermittlung führt.

Das Ausfräsen der Blechschablonen erfolgt ausschließlich mit dem Fingerfräser nach Maßtabelle (Bohrplan).

Das Bohren der Aufspannlöcher erfolgt mittels Bohrschablone durch den Werkzeugmacher, dem auch die Signierung der Schablone obliegt.

Tabelle 12. *t_e-Zeiten für das Formfräsen von Profil-Schleifschablonen*

Art der vorkommenden Profilformen	Bewertung der Profilformen
Gerade Schnitte	je Schnitt = 6,5 Min.
Schräge (Winkel-) Schnitte . . .	je Schnitt = 7,5 Min.
Radien	je Radius mit besonderer Aufspannung = 15,0 Min.
	Unter besonderer Aufspannung ist das Aufspannen der Schablone auf einen Spezialdorn zu verstehen. Der Außenradius entsteht dann durch Drehen der Schablone entlang dem Fingerfräser.
Löcher	je Loch (2,5—10∅) = 4,5 Min. Neben den Löchern, die gleichzeitig den Übergangsradius zwischen zwei Schnittkanten darstellen, handelt es sich um Prüflöcher, die bei dem Ausfräsen von Schrägen den Fräserverlauf kontrollieren helfen.

Aufspannen und Ausrichten der Schablone

Zahl der Spannlöcher	2	3	4	5	6
Minuten	6	8	10	12	14

Grat befeilen und eingeschlossene Ecken von Hand sauber ausputzen	je Schablone 1,5 Min. je Ecke 2,5 Min.

Beispiele:

Profilschleifschablone für einen Schnittplatteneinsatz nach Abb. 30 ausfräsen.

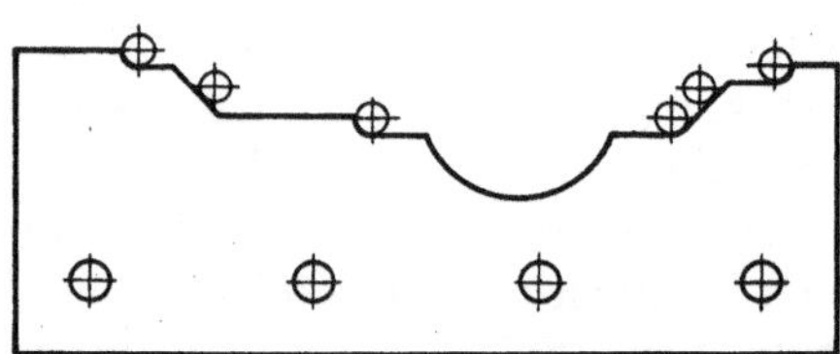

Abb. 30. Profilschleifschablone

10 Gerade Schnitte . . . . × 6,5 Min. = 65,0 Min.
2 Schräge Schnitte . . . . × 7,5 Min. = 15,0 Min.
6 Löcher . . . . × 4,5 Min. = 27,0 Min.
1 Radius mit besonderer Aufspannung . . . . × 15,0 Min. = 15,0 Min.
Aufspannen der Schablone (4 Löcher) . . . . = 10,0 Min.
Grat befeilen . . . . = 1,5 Min.
5 Ecken bzw. Übergänge sauber feilen . . . . × 2,5 Min. = 12,5 Min.

$$t_e = 146,0 \text{ Min.}$$
$$+ t_r = 15,0 \text{ Min.}$$
$$T = 161,0 \text{ Min.}$$

Profilschleifschablone für Formstempel nach Abb. 31 ausfräsen.

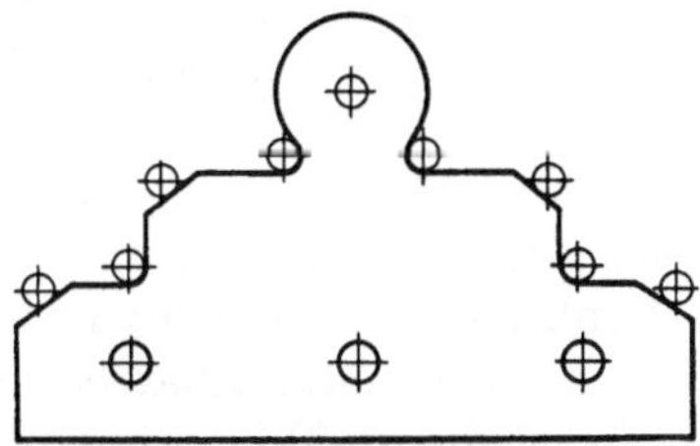

Abb. 31. Profilschleifschablone

9 Gerade Schnitte . . . . $\times$ 6,5 Min. =	58,5 Min.
4 Schräge Schnitte . . . . $\times$ 7,5 Min. =	30,0 Min.
9 Löcher . . . . $\times$ 4,5 Min. =	40,5 Min.
1 Radius mit besonderer Aufspannung. . . . . . . $\times$ 15,0 Min. =	15,0 Min.
Aufspannen der Schablone (3 Löcher) . . . . =	8,0 Min.
Grat befeilen . . . . =	1,5 Min.
4 Ecken bzw. Übergänge sauber feilen . . . . $\times$ 2,5 Min. =	10,0 Min.
t_e =	163,5 Min.
$+ t_r$ =	15,0 Min.
T =	178,5 Min.

f) Aussägen und Feilen von Werkzeugdurchbrüchen

Während die Stückzeit für das Profilfräsen und -schleifen in erster Linie von der Form selbst bestimmt wird, tritt diese Bewertung beim Aussägen und maschinellen Feilen von geschlossenen Plattendurchbrüchen in den Hintergrund. Die Bearbeitungstechnik geschlossener Durchbrüche verlangt eine andere Einheit als Grundlage für die Zeitfestsetzung: Die Richtungsänderung.

Die Zahl der Richtungsänderungen innerhalb eines Formdurchbruches ist bestimmend für die Zeitdauer der Arbeit, wobei das Vorbohren der Durchbrüche zwecks Einführung des Sägeblattes natürlich außerhalb dieses Bewertungssystems liegt. Setzt man in die Zeitformel außer der Zahl der Richtungsänderungen noch die Faktoren

Länge des Durchbruchumfanges

Werkstückstärke und Werkstoffart

ein, so lassen sich mit ihrer Hilfe die Stückzeiten für solche Arbeiten ausreichend genau errechnen.

In diesem Zusammenhang dürfte das Ergebnis einer längeren Beobachtung von Interesse sein: Ein mit der Feilarbeit betrauter Arbeiter war immer dann mit der vorgegebenen Zeit ausgekommen, wenn auch das Aussägen vorher von ihm selbst besorgt wurde. Er war also daran interessiert, die zeitraubende Feilarbeit durch sorgfältiges Vorsägen auf ein Minimum zu beschränken und dadurch seinen Verdienst zu erhöhen. Sobald das Aussägen einem anderen Arbeiter überlassen wurde, erhöhte sich die Feilzeit. — Dieses typische Merkmal ungenügender Arbeitsgüte kann oft beobachtet werden, wenn ein Teilvorgang noch einer Nachbearbeitung auf einem anderen Arbeitsplatz unterliegt und zwischen beiden Arbeitsplätzen keine Werkstückkontrolle vorgenommen wird. An Stelle des Fertigungskontrolleurs kann auch die Arbeitsverteilungsstelle diese Funktion übernehmen; nur sollte sie den Wert solcher Zwischenkontrollen nicht unterschätzen, denn mit dem Zurückweisen mangelhaft bearbeiteter Teile werden nicht nur die Voraussetzungen für eine zeitgerechte Behandlung auf den nachgeschalteten Arbeitsplätzen geschaffen, sondern es setzt dadurch im besonderen eine systematische Erziehung zu sorgfältiger Arbeit ein.

Tab. 15 und 16 enthalten die Arbeitszeiten für das Aussägen von geschlossenen Durchbrüchen mittels Bandsäge.

Für das Maschinensägen entstand die Formel:

$$t_e = \text{Umfang in cm} \times (t_h\,_{\text{cm}^2} \times \text{Plattenstärke-Faktor}) +$$
$$+ [a \times (t_h \times \text{Plattenstärke-Faktor})] + t_n + t_v$$

dabei ist

$t_h\,_{\text{cm}^2}$ für Maschinenbaustahl . . . . = 0,36 Min.
  für Chromstahl . . . . = 0,50 Min.

$a =$ Anzahl der Richtungsänderungen

t_h für Maschinenbaustahl . . . . = 0,54 Min.
  für Chromstahl . . . . = 0,75 Min.

Zur Technologie des Säge- und Feilvorganges sei bemerkt, daß der Zeitbedarf sich nicht in gleichem Verhältnis zur Plattenstärke bewegt. Bei doppelter Plattenstärke ist nämlich nicht die doppelte Säge- bzw. Feilzeit erforderlich. Ein tieferes Eingehen auf die technologischen Vorgänge würde hier zu weit führen, da in diesem Zusammenhang eine ausführliche Darstellung der auftretenden Kräfte und Bewegungsverhältnisse notwendig wäre, aus denen die Plattenstärkefaktoren resultieren[1].

Es sei also kurz herausgestellt, daß das Verhältnis Plattenstärke : Zeitbedarf sich etwa wie

$$1:1 \qquad 4:2,8$$
$$2:1,5 \qquad 5:3,6$$
$$3:2,1$$

usw. verhält. Bei dreifacher Plattenstärke steigt mithin der Zeitbedarf für das Sägen bzw. Feilen um das 2,1fache. Diese $t_h\,_{\text{cm}^2}$-Werte sind

---

[1] In Bd. V der Schriftenreihe des ADB „Schlosserei- u. Montagezeitermittlung" sind diese Vorgänge eingehend behandelt.

jeweils in den ersten Klammerausdruck der Formel einzusetzen. Sie stellen Mittelwerte dar, die man auch bei veränderten Arbeitsbedingungen einsetzen kann. Unter veränderten Arbeitsbedingungen ist hier das Feilen besonders kleiner Durchbrüche mit entsprechend feinen Feilen zu verstehen, bei denen die Gefahr des Durchbiegens größer als bei starken Feilen ist, oder das Sägen mit schmalen Sägeblättern, die einen beschränkten Arbeitsdruck zulassen und bei denen die Gefahr des Verlaufens besteht. Eine formelmäßige Berücksichtigung solcher Arbeitsbedingungen wäre an sich richtig; in der Einzelfertigung rechtfertigen aber die damit verbundenen Komplikationen des Rechenvorganges und der Umfang der Kalkulationstafeln diesen Aufwand nicht. Dafür bildet man für das Ausarbeiten schmaler Schlitze lieber einen Zuschlagsfaktor (s. Tab. 17).

Zur Vereinfachung des Rechenvorganges löst man die runden Klammerausdrücke der t_e-Zeitformel auf und stellt die Zwischenprodukte in einer Hilfstabelle zusammen.

Das erste Klammerprodukt ist dann

Für Maschinenbaustahl	Für Chromstahl
Bei 10 mm Plattenstärke . . . $1,0 \times 0,36 = 0,36$ Min.	$1,0 \times 0,50 = 0,50$ Min.
Bei 20 mm Plattenstärke . . . $1,5 \times 0,36 = 0,54$ Min.	$1,5 \times 0,50 = 0,75$ Min.
Bei 30 mm Plattenstärke . . . $2,1 \times 0,36 = 0,76$ Min.	$2,1 \times 0,50 = 1,05$ Min.
Bei 40 mm Plattenstärke . . . $2,8 \times 0,36 = 1,00$ Min.	$2,8 \times 0,50 = 1,40$ Min.

Das zweite Klammerprodukt für die Richtungsänderungen ist

Für Maschinenbaustahl	Für Chromstahl
Bei 10 mm Plattenstärke . . . $1,0 \times 0,54 = 0,54$ Min.	$1,0 \times 0,75 = 0,75$ Min.
Bei 20 mm Plattenstärke . . . $1,5 \times 0,54 = 0,81$ Min.	$1,5 \times 0,75 = 1,13$ Min.
Bei 30 mm Plattenstärke . . . $2,1 \times 0,54 = 1,14$ Min.	$2,1 \times 0,75 = 1,57$ Min.
Bei 40 mm Plattenstärke . . . $2,8 \times 0,54 = 1,51$ Min.	$2,8 \times 0,75 = 2,10$ Min.

Nunmehr sind noch die Arbeitslängen (Umfang) mit den jeweiligen, bereits ausgerechneten Plattenstärkenwerten zu multiplizieren und die Nebenzeiten einzusetzen. Diesem Ergebnis werden die Zeitwerte für die Richtungsänderungen zugeordnet.

Beispiel: Aussägen eines geschlossenen Durchbruches von 8 cm Umfang und 3 cm Plattenstärke, mit 10 Richtungsänderungen, Werkstoff: Maschinenbaustahl.

$t_e = (8 \times 0,76) + (10 \times 1,14) + t_n$

t_n ist nach Tab. 13 = 7,0 Min.

· Die anteilige Verteilzeit ist in den $t_h\,\text{cm}^2$-Grundwerten mit 10% bereits enthalten.

$t_e = 6,08$ Min. $+ 11,4$ Min. $+ 7$ Min. $= 24,48$ Min.

$$\text{aufgerundet} = \underline{\underline{24,50 \text{ Min.}}}$$

Tabelle 13. Nebenzeiten an Bandsägen

t_n für 1 Durchbruch:

1. Sägeblatt ausspannen . . . . 0,5 Min.
   Sägeblatt ablöten und durch Werkstück führen . . . . 0,5 Min.
   Sägeblatt löten . . . . 3,0 Min.
2. Sägeblatt mit Werkstück aufspannen . . . . 0,5 Min.
3. Sägeblatt ausspannen, ablöten, Sägeblatt aus dem Werkstück nehmen,
   zusammenrollen und ablegen . . . . 2,0 Min.

	t_{ng}	6,5 Min.
	$+\, t_{nv}$	0,6 Min.
abgerundet	t_n	7,0 Min.

Tabelle 14. Rüstzeit für Bandsägen

Die Rüstzeit für Bandsägearbeiten setzt sich zusammen aus:
Werkstoffart feststellen, Schnittgeschwindigkeit einstellen, Zeit schreiben

	t_{rg}	4,0 Min.
	$+\, t_{rv}$	0,4 Min.
aufgerundet	t_r	4,5 Min.

Die arbeitswissenschaftliche Untersuchung des Stoffgebietes „Feilen" ist heute so weit gediehen, daß man eine Unmenge von Rechengrößen in die Bewertungsformel für diese Arbeitsart einsetzen könnte, die dann allen Gegebenheiten Rechnung tragen dürften. Da aber in der Vorkalkulation — und das wurde schon an anderer Stelle betont — die Prinzipien der Arbeitsteilung, Arbeitsvereinfachung und Zeitersparnis als Ausdruck einer immerwährenden Rationalisierung ebenso wie im Betrieb herrschen, sind die Einzelergebnisse der arbeitswissenschaftlichen Erkenntnisse in der Praxis tunlichst nur in dem Maße in die Zeitermittlung einzubeziehen, wie sie von wesentlichem Einfluß auf diese sind. Natürlich können dabei im Einzelfalle geringe Abweichungen auftreten, denen objektive oder subjektive Ursachen zugrunde liegen. Bedenkt man aber, daß der Vorbearbeitungsgrad der Flächen den wesentlichsten Einfluß auf die Zeit der Nachbearbeitung ausübt und daß selbst durch das eingeschaltete Filter der Zwischenkontrolle nur die gröbsten Ungenauigkeiten erfaßt werden, so erscheint es abwegig, beispielsweise Werkstück-Flächenkonstanten und Werkzeug-Abnutzungsfaktoren mit in die praktische Zeitermittlung einzubeziehen.

Da die arbeitstechnischen Vorgänge beim Maschinenfeilen denen der Sägearbeit ähneln, bedienen wir uns auch derselben t_e-Zeitformel, allerdings mit abgeänderten t_h-Zeitwerten.

$t_{h\,\mathrm{cm^2}}$ für Maschinenbaustahl = 2,5 Min. ⎫
        für Chromnickelstahl = 3,2 Min. ⎬ für gerade Feilflächen

t_h für Maschinenbaustahl = 1,1 Min ⎫
        für Chromnickelstahl = 1,5 Min. ⎬ für Richtungsänderungen

Tabelle 15. t_e-Zeiten für Bandsägearbeiten

Säge-Umfang in cm	Platten-stärke in cm	Zahl der Richtungsänderungen								
		4	6	8	10	12	14	16	18	20
2	1	10,0								
	2	11,5			Werkstoff: Maschinenbaustahl					
	3	13,0								
	4	15,0								
3	1	10,5	11,5	12,5	13,5	14,5				
	2	12,0	13,5	15,0	17,0	18,0				
	3	13,0	16,0	18,5	20,0	23,0				
	4	16,0	19,0	22,0	25,0	28,0				
4	1	10,5	11,5	13,0	14,0	15,0	16,0	17,0		
	2	12,5	14,0	16,0	17,5	19,0	20,5	22,0		
	3	14,5	17,0	19,0	21,5	23,5	26,0	28,0		
	4	17,0	20,0	23,0	26,0	29,0	32,0	35,0		
5	1	11,0	12,0	13,0	14,0	15,5	16,5	17,5	18,5	19,5
	2	13,0	14,5	16,0	18,0	19,5	21,0	22,5	24,5	26,0
	3	15,5	17,5	20,0	22,0	·24,0	27,0	29,0	31,0	32,5
	4	18,0	21,0	24,0	27,0	30,0	33,0	36,0	39,0	42,0
6	1	11,5	12,5	13,5	14,5	15,5	16,5	17,5	19,0	20,5
	2	13,5	15,0	16,5	18,5	20,0	21,5	23,0	25,0	26,5
	3	16,0	18,5	20,5	23,0	25,0	27,5	30,0	31,5	34,5
	4	19,0	22,0	25,0	28,0	31,0	34,0	37,0	40,0	43,0
8	1	12,0	13,0	14,0	15,5	16,5	17,5	18,5	19,5	20,5
	2	14,5	16,0	18,0	19,5	21,0	22,5	24,0	26,0	27,5
	3	17,5	20,0	22,0	24,5	26,5	29,0	31,5	33,5	36,0
	4	21,0	24,0	27,0	30,0	33,0	36,0	39,0	42,0	45,0
10	1	13,0	14,0	15,0	16,0	17,0	18,0	19,0	20,5	21,5
	2	15,5	17,0	19,0	20,5	22,0	23,5	25,5	37,0	28,5
	3	19,0	21,5	23,5	26,0	28,0	30,5	33,0	35,0	37,5
	4	23,0	26,0	29,0	32,0	35,0	38,0	41,0	44,0	47,0
12	1	13,5	14,5	15,5	16,5	18,0	19,0	20,0	21,0	22,0
	2	15,5	18,0	20,0	21,5	23,0	25,0	26,5	28,0	29,0
	3	20,5	23,0	25,0	27,5	39,5	32,0	34,0	26,5	39,0
	4	25,0	28,0	31,0	34,0	37,0	40,0	43,0	46,0	49,0
14	1	14,0	15,0	16,5	17,5	18,5	19,5	20,5	22,0	23,5
	2	18,0	19,5	16,5	17,5	18,5	19,5	20,5	21,5	23,0
	3	22,0	24,5	26,5	29,0	31,0	33,5	36,0	38,0	40,5
	4	27,0	30,0	33,0	36,0	39,0	42,0	45,0	48,0	51,0
16	1	15,0	16,0	17,0	18,0	19,5	20,5	21,5	22,5	23,5
	2	19,0	20,5	22,5	25,5	24,0	27,0	28,0	30,5	32,0
	3	23,5	26,0	28,0	30,5	32,5	35,0	37,5	39,5	42,0
	4	29,0	32,0	35,0	38,0	41,0	44,0	47,0	50,0	53,0
18	1	15,5	16,5	18,0	19,0	20,0	21,0	22,0	23,0	24,5
	2	20,0	21,5	23,0	25,0	26,5	28,0	29,5	31,5	33,0
	3	25,5	27,5	30,0	32,0	34,0	36,5	39,0	41,0	43,5
	4	31,0	34,0	37,0	40,0	43,0	47,0	50,0	53,0	55,0
20	1	16,5	17,5	18,5	19,5	20,5	21,5	23,0	24,0	25,0
	2	21,0	22,5	24,5	26,0	27,5	29,0	31,0	32,5	34,0
	3	27,0	29,0	31,5	33,5	35,5	38,0	40,0	42,5	45,0
	4	33,0	36,0	39,0	42,0	45,0	48,0	51,0	54,0	57,0

Richtwertbildung und Zeitvorgabe

Tabelle 16. t_e-Zeiten für Bandsägearbeiten

Säge-Umfang in cm	Platten-stärke in cm	Zahl der Richtungsänderungen								
		4	6	8	10	12	14	16	18	20
2	1	11,0								
	2	13,0		Werkstoff: Chromnickelstahl						
	3	15,5								
	4	18,0								
3	1	11,5	13,0	14,5	16,0	17,5				
	2	14,0	16,0	18,5	20,5	23,0				
	3	16,5	20,0	23,0	25,5	28,5				
	4	19,5	24,0	28,0	32,0	36,5				
4	1	12,0	13,5	15,0	16,5	18,0	19,5	21,0		
	2	14,5	17,0	19,0	21,5	23,5	26,0	28,0		
	3	17,5	20,5	24,0	26,5	29,5	32,0	35,5		
	4	21,0	25,0	29,5	33,5	38,0	42,0	46,0		
5	1	12,0	14,0	15,5	17,0	18,5	20,0	21,5	23,0	24,5
	2	15,5	17,5	20,0	22,0	24,5	26,5	29,0	31,0	33,5
	3	18,5	21,5	25,0	27,5	30,5	33,5	36,5	39,5	42,5
	4	24,5	26,5	31,0	35,0	39,0	43,5	47,5	52,0	56,0
6	1	13,0	14,5	16,0	17,5	19,0	20,5	22,0	23,5	25,0
	2	15,0	18,5	20,5	23,0	25,0	27,5	29,5	32,0	34,0
	3	19,5	23,0	26,0	28,5	31,5	34,5	37,5	40,0	44,0
	4	24,0	28,0	32,0	36,5	40,5	45,0	49,0	53,5	57,5
8	1	14,0	15,5	27,0	18,0	20,0	21,5	23,0	24,5	26,0
	2	17,5	20,0	22,0	25,0	26,5	29,0	31,0	33,5	35,5
	3	21,5	25,0	28,0	30,5	33,5	36,5	39,5	42,5	45,5
	4	26,5	31,0	35,0	39,0	43,5	47,5	51,5	56,0	60,0
10	1	15.0	16,5	18,0	19,5	21,0	22,5	24,0	25,5	27,0
	2	19,0	21,5	23,5	26,0	28,0	30,5	32,5	34,5	37,0
	3	24,0	27,0	30,0	32,5	35,5	38,5	42,0	44,5	48,0
	4	29,5	33,5	38,0	42,0	45,0	50,0	54,5	59,0	63,0
12	1	16,0	17,5	19,0	20,5	220,	23,5	25,0	26,5	28,0
	2	20,5	22,0	25,0	27,5	29,5	32,0	34,0	36,5	38,5
	3	26,0	29,0	32,0	34,5	38,0	41,0	44,0	47,0	50,0
	4	32,5	36,5	41,0	45,0	49,0	53,5	57,5	62,0	66,0
14	1	17,0	18,5	20,0	21,5	23,0	24,5	26,0	27,5	29,0
	2	22,0	24,5	26,5	29,0	31,0	33,5	35,5	38,0	40,0
	3	28,0	31,0	34,5	36,5	39,5	42,5	46,0	49,0	52,0
	4	35,0	39,0	43,5	47,5	51,5	56,0	60,0	64,5	68,5
16	1	18,0	19,5	21,0	22,5	24,0	25,5	27,0	28,5	30,0
	2	23,0	26,0	28,0	30,0	34,5	35,5	37,0	39,5	41,5
	3	30,0	33,5	36,5	39,0	42,0	45,0	48,0	51,0	54,0
	4	38,0	42,0	46,5	50,5	54,5	59,0	63,0	67,5	71,5
18	1	19,0	20,5	22,0	23,5	25,0	26,5	28,0	29,5	31,0
	2	25,0	27,5	29,5	32,0	34,0	36,5	38,5	41,0	43,0
	3	32,5	35,5	38,5	41,0	44,0	47,0	50,0	53,0	56,5
	4	40,5	44,5	49,0	52,0	57,0	61,5	65,5	70,0	74,0
20	1	20,0	21,5	23,0	34,5	26,0	27,5	29,0	30,5	32,0
	2	26,5	29,0	31,0	33,5	35,5	38,0	40,0	42,5	44,5
	3	34,4	37,5	40,5	43,0	46,0	49,0	52,0	55,0	58,0
	4	43,5	47,5	52,0	56,0	60,0	64,5	68,5	73,0	77,0

Mithin ist das erste Klammerprodukt der t_e-Zeitformel für Maschinenfeilen:

	Für Maschinenbaustahl	Für Chromnickelstahl
Bei 10 mm Plattenstärke	= 2,5 Min.	= 3,2 Min.
Bei 20 mm Plattenstärke	= 3,7 Min.	= 4,8 Min.
Bei 30 mm Plattenstärke	= 5,0 Min.	= 6,6 Min.
Bei 40 mm Plattenstärke	= 6,5 Min.	= 8,4 Min.

und das zweite Klammerprodukt für die Richtungsänderungen:

	Für Maschinenbaustahl	Für Chromnickelstahl
Bei 10 mm Plattenstärke	= 1,1 Min.	= 1,5 Min.
Bei 20 mm Plattenstärke	= 1,6 Min.	= 2,3 Min.
Bei 30 mm Plattenstärke	= 2,3 Min.	= 3,1 Min.
Bei 40 mm Plattenstärke	= 3,1 Min.	= 4,2 Min.

Die weitere Auflösung der Formel erfolgt wie beim Sägen.

Beispiel: Feilen eines geschlossenen Durchbruches von 8 cm Feillänge und 3 cm Plattenstärke, mit 10 Richtungsänderungen, Werkstoff: Maschinenbaustahl, Werkstück: Platteneinsatz.

$t_e = (8 \times 5,0) + (10 \times 2,3) + t_n$

t_n ist nach Tab. 18 = 7,0 Min.

$t_e = 40,0$ Min. $+ 23,0$ Min. $+ 7,0$ Min. $= 70,0$ Min.

Tabelle 17. *Zeitzuschläge für das Ausarbeiten von schmalen Schlitzen*

Schlitzbreite in mm	Maschinenbaustahl		Chromnickelstahl	
	2	3	2	3
Sägen Zuschlag in Minuten für 1 cm Arbeitslänge	3,5	2,5	4,5	3,5
Maschinell feilen Zuschlag in Minuten für 1 cm Arbeitslänge	4,0	3,0	6,0	4,0

Zeitwerte gelten für Plattenstärken von 20 bis 40 mm

Tabelle 18. *Nebenzeiten an der Feilmaschine*

A. t_n bei Platteneinsätzen (Segmenten)

Werkstück-Anriß prüfen und mit Zeichnung vergleichen . . . . . 1,0 Min.
Feilenwechsel (konstant je Durchbruch 3 × à 0,4 Min.) . . . . . 1,2 Min.
Werkstück zum Andrücken (Stempel einpassen) bringen; in der Regel 2 × à 2,0 Min. . . . . 4,0 Min.

t_{ng} 6,2 Min.
$+ t_{nv}$ 0,6 Min.
t_n 6,8 Min.
aufgerundet 7,0 Min.

B. t_n bei ganzen Platten mit mehreren Durchbrüchen:

Werkstückanrisse prüfen und mit Zeichnung vergleichen . . . . . 1,5 Min.
Feilenwechsel: Zahl der Durchbrüche × 1,2 Min. .
Werkstück zum Andrücken (Stempel einpassen) bringen; in der Regel 2 × à 2,0 Min. . . . . 4,0 Min.

Tabelle 19. t_e-Zeiten für maschinelle Feilarbeiten

Feil-umfang in cm	Platten-stärke in cm	Zahl der Richtungsänderungen								
		4	6	8	10	12	14	16	18	20
2	1	16,5								
	2	21,0	Werkstoff: Maschinenbaustahl							
	3	26,0								
	4	32,5								
3	1	19,0	21,0	23,5	25,5	27,5				
	2	24,5	28,0	31,0	34,5	38,0				
	3	31,0	36,0	40,5	45,0	49,5				
	4	39,0	45,0	51,5	57,5	63,5				
4	1	21,5	23,5	26,0	28,0	30,0	32,5	34,5		
	2	28,5	32,0	35,0	38,5	42,0	45,0	48,5		
	3	36,0	41,0	45,5	50,0	54,5	59,0	64,0		
	4	45,5	51,5	58,0	61,0	70,0	76,5	82,5		
5	1	24,0	36,0	28,5	30,5	32,5	35,0	37,0	39,5	41,5
	2	31,0	35,5	38,5	42,0	45,5	48,5	52,0	55,5	58,5
	3	41,0	46,0	50,5	55,0	59,5	64,0	69,0	73,5	78,0
	4	52,0	58,0	64,5	70,5	76,5	83,0	89,0	95,5	101,5
6	1	26,5	28,5	31,0	33,0	35,0	37,5	39,5	42,0	44,0
	2	35,5	39,0	42,0	45,5	49,0	52,0	55,5	59,0	62,0
	3	46,0	51,0	55,5	60,0	64,5	69,0	74,0	78,5	83,0
	4	58,5	64,5	71,0	77,0	83,0	89,5	95,5	102,0	108,0
8	1	31,5	33,5	36,0	38,0	40,0	42,5	44,5	47,0	49,0
	2	43,0	46,5	49,5	53,0	56,5	59,5	63,0	66,5	69,5
	3	56,0	61,0	65,5	70,0	74,5	79,0	84,0	88,5	93,0
	4	71,5	77,5	84,0	90,0	96,0	102,5	108,5	115,0	121,0
10	1	36,5	38,5	41,0	43,0	45,0	47,5	49,5	52,0	54,0
	2	50,5	54,0	57,0	60,5	64,0	67,0	70,5	74,0	77,0
	3	66,0	71,0	75,5	80,0	84,5	89,0	94,0	98,5	103,0
	4	84,5	90,5	97,0	103,0	109.0	115,5	121,5	128,0	134,0
12	1	41,5	43,5	46,0	48,0	50,0	52,5	54,5	57,0	59,0
	2	57,0	61,5	64,5	68,0	71,5	74,5	78,0	81,5	84,5
	3	76,0	81,0	85,5	90,0	94,5	99,0	104,0	108,5	113,0
	4	97,5	103,5	110,0	116,0	112,0	128,5	134,5	141,0	147,0
14	1	46,5	48,5	51,0	53,0	55,0	57,5	59,5	62,0	64,0
	2	65,5	69,0	72,0	75,5	79,0	82,0	85,5	89,0	92,0
	3	83,0	91,0	95,5	100,0	104,5	190,0	114,0	118,5	123,0
	4	110,5	116,5	123,0	129,0	135,0	141,5	147,5	154,0	160,0
16	1	51,5	53,5	56,0	58,0	60,0	62,5	64,5	67,0	69,0
	2	72,5	76,0	79,0	82,5	86,0	89,0	92,5	96,0	99,0
	3	96,0	101,0	105,5	110,0	114,5	119,0	124,0	128,5	133,0
	4	123,5	129,5	136,0	142,0	147,0	154,5	160,5	167,0	173,0
18	1	56,5	58,5	61,0	63,0	65,0	67,5	69,5	72,0	74,0
	2	80,0	83,5	96,5	90,0	93,5	96,5	100,0	103,5	106,5
	3	106,0	111,0	115,5	120,0	124,5	129,0	134,0	138,5	143,0
	4	136,5	142,5	149,0	155,0	161,0	167,5	173,5	180,0	186,0
20	1	61,5	63,5	66,0	68,0	70,0	72,5	74,5	77,0	79,0
	2	87,5	91,0	94,0	97,5	101,0	104,0	107,5	111,0	114,0
	3	116,0	121,0	125,5	130,0	134,5	139,0	144,0	148,5	153,0
	4	149,5	155,5	162,0	168,0	174,0	180,5	186,5	193,0	199,0

Tabelle 20. *t_e-Zeiten für maschinelle Feilarbeiten*

Feil-umfang in cm	Platten-stärke in cm	Zahl der Richtungsänderungen								
		4	6	8	10	12	14	16	18	20
2	1	19,5								
	2	25,5		Werkstoff: Chromnickelstahl						
	3	32,5								
	4	41,0								
3	1	22,5	25,5	28,5	31,5	34,5				
	2	30,5	35,0	39,5	44,0	48,5				
	3	39,5	46,0	52,0	58,5	65,0				
	4	49,0	57,0	65,5	74,0	82,5				
4	1	26,0	29,0	32,0	35,0	38,0	41,0	44,0		
	2	32,0	36,5	41,0	45,5	50,0	54,5	59,0		
	3	46,0	52,5	58,5	65,0	71,5	77,5	84,0		
	4	57,5	65,5	74,0	82,5	91,0	99,5	107,5		
5	1	29,0	33,0	35,0	38,0	41,0	44,0	47,0	50,0	53,0
	2	40,0	44,5	49,0	53,0	58,0	62,5	67,0	72,0	76,0
	3	52,5	59,0	65,0	71,5	78,0	84,0	90,5	97,0	103,0
	4	66,0	74,0	82,5	91,0	99,5	108,0	116,0	124,5	133,0
6	1	32,0	35,0	38,0	41,0	44,0	47,0	50,0	53,0	56,0
	2	45,0	49,5	54,0	58,5	63,0	67,5	72,0	76,5	81,0
	3	59,0	65,6	71,5	78,0	84,5	90,5	97,0	103,5	109,6
	4	74,5	82,5	91,0	99,5	108,0	116,5	124,5	133,0	141,5
8	1	38,5	41,5	44,5	47,5	50,5	53,5	56,5	59,5	62,5
	2	54,0	58,5	63,0	67,5	72,0	76,5	81,0	85,5	90,0
	3	72,5	79,0	85,0	91,5	98,0	104,0	110,5	117,0	123,0
	4	91,0	99,0	107,5	116,0	124,5	133,0	141,0	149,5	158,0
10	1	45,0	48,0	51,0	54,0	57,0	60,0	63,0	66,0	69,0
	2	64,0	68,5	73,0	77,5	82,0	86,5	91,0	95,5	100,0
	3	85,5	92,0	98,0	104,5	111,0	117,0	123,5	130,0	136,0
	4	108,0	116,0	124,5	133,0	141,5	150,0	158,0	166,5	175,0
12	1	51,0	54,0	57,0	60,0	63,0	66,0	69,0	72,0	75,0
	2	73,5	78,0	82,5	87,0	91,5	96,0	100,5	105,0	109,5
	3	98,5	105,0	111,0	117,5	124,0	130,0	136,5	143,0	149,0
	4	124,0	132,0	140,5	149,0	157,5	166,0	174,0	182,5	191,0
14	1	58,0	61,0	64,0	67,0	70,0	73,0	76,0	79,0	82,0
	2	83,0	87,5	92,0	96,5	101,0	105,5	110,0	114,5	119,0
	3	111,5	118,0	124,0	130,5	137,0	143,0	149,5	156,0	162,0
	4	142,0	150,0	158,5	167,0	175,5	184,0	192,0	200,5	209,0
16	1	64,0	67,0	70,0	73,0	76,0	79,0	82,0	85,0	88,0
	2	93,0	97,5	102,0	106,5	111,0	115,5	120,0	124,5	129,0
	3	125,0	131,0	137,5	144,0	150,5	156,5	163,0	169,5	175,5
	4	158,0	166,0	174,5	183,0	191,5	200,0	208,0	216,5	224,0
18	1	70,0	73,0	76,0	79,0	82,0	85,0	88,0	91,0	94,0
	2	102,0	106,5	111,0	115,0	120,0	124,5	129,0	133,5	138,0
	3	148,5	155,0	161,0	167,5	174,0	180,0	186,5	193,0	199,0
	4	175,0	183,0	191,5	200,0	208,5	217,0	225,0	233,5	242,0
20	1	77,0	80,0	83,0	86,0	89,0	92,0	95,0	98,0	101,0
	2	112,0	116,5	121,0	125,5	130,5	134,5	139,0	143,5	148,0
	3	151,5	158,0	164,0	170,5	177,0	183,0	189,5	196,0	202,0
	4	192,0	200,0	208,5	217,0	225,5	234,0	242,0	250,5	259,0

Die Rüstzeit für Maschinenfeilarbeiten setzt sich zusammen aus:
Werkstoffart feststellen, Hubhöhe einstellen, Zahl der Hübe
einstellen, Zeit schreiben . . . . t_{rg} 4,0 Min.

$+ t_{rv}$ 0,4 Min.

aufgerundet t_r 4,5 Min.

g) Lehren-Innenschleifen

Das Lehren-Innenschleifen[1] stellt eine Parallele zum Formschleifen
dar. Während letzteres bei der Feinbearbeitung von Stempeln und
geteilten Durchbrüchen unter Anwendung verschiedener Verfahren
seit langer Zeit bekannt ist, entwickelte sich für das Feinschleifen

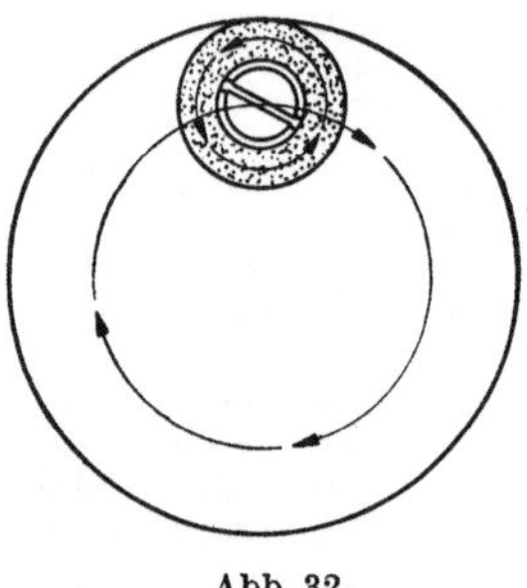

Abb. 32

kreisförmiger geschlossener Durchbrüche die
Methode des Lehren-Innenschleifens. Sie ist
eine verhältnismäßig junge Technik und erfordert, wie alle neuen Verfahren, eine gewisse Übung und Erfahrung des Arbeiters, bis
beste Ergebnisse erzielt werden. Die Wirtschaftlichkeit dieses Verfahrens gegenüber der
alten Methode der umständlichen Achsen-
bestimmung bei Innenschleifarbeiten, verdient
hervorgehoben zu werden. Bei diesem Verfahren ist das Werkstück stationär aufge-
spannt, während der Schleifkörper außer seiner eigenen Rotation noch
eine zusätzliche planetarische Bewegung ausführt (s. Abb. 32).

Soweit es sich um Platten kleinerer Ausmaße handelt, die sich im
4-Backen-Futter einspannen lassen, kann das Ausschleifen von Löchern
auf der Rund- oder Innenschleifmaschine unter den bekannten Bedingungen erfolgen. Hierbei wird man aber bedeutend höhere Spann-
und Ausrichtzeiten in Kauf nehmen müssen, da bekanntlich jedes Loch
einzeln axial ausgerichtet werden muß.

Bei größeren Platten, insbesondere aber dann, wenn es auf die unbedingt exakte Übereinstimmung von Durchgangslöchern durch mehrere Platten ankommt oder wenn es sich um das Ausschleifen mehrerer
Bohrungen innerhalb eines Werkstückes handelt, wird man das Ausschleifen unter gleichzeitigem Aufspannen sämtlicher Platten, selbst
in zusammengebautem Zustand, auf dem Lehrenbohrwerk vornehmen.
Kennzeichnend für diese Methode ist

1. das bequeme Aufspannen großer und verhältnismäßig schwerer oder unregelmäßig geformter Werkstücke auf dem Koordinatentisch des L. B. bei nur
   einmaliger Ausrichtung,
2. die Erzielung größerer Genauigkeiten gegenüber der Innenschleifmaschine,

---

[1] Hierzu ist ein Lehrenschleifkopf erforderlich, wie ihn die Fa. Boneham &
Turner Ltd., Mansfield, England, herstellt.

3. die verhältnismäßig schnelle Lagenbestimmung aller Bohrungen bei einer Aufspannung,
4. lagengenaues Schleifen von Bohrungen und Schlitzen (durch Tischbewegung)
auch nach erfolgtem Werkzeugzusammenbau,
5. Bohren und anschließendes Lehren-Innenschleifen ohne Umspannung.

Die Vorgabezeit für das Lehren-Innenschleifen wird nach der Hauptformel

$$t_h \frac{L \cdot i}{n \cdot s}$$

ermittelt, wobei bedeuten:

L der Schleifweg nach Tab. 22
i Anzahl der Schleifdurchgänge
n planetarische Umdrehungszahl des Schleifkörpers (die günstigste mittlere
Drehzahl liegt bei etwa 40 U/Min.)

Die Anzahl der Schleifdurchgänge ist abhängig vom Schleifaufmaß,
für das in der nachstehenden Tabelle die Durschnittswerte angegeben sind.

Lochdurchmesser	mm 5	10	15	20	30	40
Aufmaß in	mm 0,15	0,15	0,20	0,20	0,25	0,30

Tabelle 21. *Rüstzeit für Lehren-Innenschleifen auf dem Lehrenbohrwerk*

Auftrag empfangen, Zeichnung lesen und Maße kontrollieren	3,5 Min.
Schleifkopf einsetzen, Preßluft regulieren, Wasserabscheider prüfen . .	3,0 Min.
Lehrenbohrwerk abrüsten und reinigen, Werkzeug ablegen	8,0 Min.
Auftrag abschließen, Zeit schreiben	3,5 Min.
t_{rg}	18,0 Min.
$+ t_{rv}$	1,8 Min.
	19,8 Min.
aufgerundet $t_r =$	20,0 Min.

Tabelle 22. *Schleifweglängen*

Lochdurchmesser in mm	Länge des Schleifkörpers in mm	Lochtiefe in mm	Schleifweg in mm
3— 8	6,5	5	13,5
		10	18,5
		15	23,5
		20	28,5
9—15	9,5	5	16,5
		10	21,5
		15	26,5
		20	31,5
		30	41,5
16—30	12,7	5	20,0
		10	25,0
		15	30,0
		20	35,0
		30	45,0

Tabelle 23. *Arbeitstafel für Lehren-Innenschleifen*

Loch-tiefe	Durch-gänge	5 ∅ Zu-stell.	Vor-schub	Durch-gänge	10 ∅ Zu-stell.	Vor-schub	Durch-gänge	15 ∅ Zu-stell.	Vor-schub	Durch-gänge	20 ∅ Zu-stell.	Vor-schub	Durch-gänge	30 ∅ Zu-stell.	Vor-schub
5	6	0,02	0,15[1]	4	0,03	0,15	4	0,04	0,30	4	0,045	0,30	4	0,05	0,30
	2	0,01	0,15	2	0,015	0,15	2	0,015	0,30	2	0,015	0,30	2	0,02	0,30
	2	0,005	0,067	2	0,005	0,067	2	0,005	0,067	2	0,005	0,067	2	0,005	0,067
10	6	0,02	0,15	4	0,03	0,15	4	0,04	0,30	4	0,045	0,30	4	0,05	0,30
	2	0,01	0,15	2	0,015	0,15	2	0,015	0,30	2	0,015	0,30	2	0,02	0,30
	3	0,005	0,067	2	0,005	0,067	2	0,005	0,067	2	0,005	0,067	2	0,005	0,067
15	6	0,02	0,15	4	0,03	0,15	4	0,04	0,30	4	0,045	0,30	4	0,05	0,30
	2	0,01	0,067	2	0,015	0,15	2	0,015	0,30	2	0,015	0,30	2	0,02	0,30
	3	0,005	0,067	3	0,005	0,067	2	0,005	0,067	2	0,005	0,067	2	0,005	0,067
20	6	0,02	0,15	4	0,03	0,15	4	0,04	0,30	4	0,045	0,30	4	0,05	0,30
	2	0,01	0,067	2	0,015	0,15	2	0,015	0,30	2	0,015	0,30	2	0,02	0,30
	4	0,005	0,067	4	0,005	0,067	2	0,005	0,067	2	0,005	0,067	2	0,005	0,067
30				4	0,03	0,15	4	0,04	0,30	4	0,045	0,30	4	0,05	0,30
				2	0,015	0,15	2	0,015	0,30	2	0,015	0,30	2	0,02	0,30
				5	0,005	0,067	4	0,005	0,067	3	0,005	0,067	2	0,005	0,067

[1] Das vorliegende Lehrenbohrwerk war mit den automatischen Vorschubstufen 0,30, 0,15 u. 0,067 ausgerüstet.

Die Zustellung je Durchgang und der Vorschub je planetarische Umdrehung des Schleifkörpers sind abhängig vom Lochdurchmesser und von der Lochtiefe. Da die Schaftstärke des Schleifscheibenträgers mit zunehmendem Lochdurchmesser ebenfalls zunimmt, bringt sie damit einen größeren Widerstand gegen seitliches Ausweichen der Schleifscheibe mit; infolgedessen kann auch die Zustellung größer gewählt werden. Beim Überschreiten eines gewissen Tiefengrenzwertes nimmt dagegen die Gefahr des Ausweichens — namentlich bei Löchern bis zu 10 mm Durchmesser — wieder zu, und dies bedingt einen geringeren Vorschub und unter Umständen zusätzliche Polierdurchgänge.

Die Anzahl der Durchgänge sowie die Vorschub- und Zustellwerte für die verschiedenen Lochtiefen und -durchmesser sind aus Tab. 23 ersichtlich. Diese Arbeitstabelle ist möglichst am L. B. anzubringen, damit der Lehrenschleifer zur systematischen Arbeit erzogen wird und von der oft beobachteten willkürlichen Arbeitsweise abrückt.

Beispiel. In einer 20 mm starken Schnittplatte sind 3 Löcher mit 10 mm $\varnothing$ und 1 Loch mit 20 mm $\varnothing$ auszuschleifen. Das Schleifaufmaß ist normal.

t_h:

Nach Tab. 22 ist $L = 31,5$ mm

n beträgt konstant 40 U/Min.

Die übrigen Werte sind der Arbeitstafel (Tab. 23) zu entnehmen.

Dann ist:

$$\text{Vorschliff } \frac{31,5 \cdot 6}{40 \cdot 0,15} = 31,5 \text{ Min.}$$

$$\text{Polieren } \frac{31,5 \cdot 4}{40 \cdot 0,067} = 47,0 \text{ Min,}$$

$$= 78,5 \text{ Min.} \times 3 \text{ Löcher} \qquad 235,5 \text{ Min.}$$

$$\text{Vorschliff } \frac{35 \cdot 6}{40 \cdot 0,3} = 17,5 \text{ Min.}$$

$$\text{Polieren } \frac{35 \cdot 2}{40 \cdot 0,067} = 26,1 \text{ Min.}$$

$$= 43,6 \text{ Min.} \times 1 \text{ Loch} \qquad 43,6 \text{ Min.}$$

t_h	279,1 Min.
$+10\% \ t_v$	27,9 Min.
$+t_{n2}$ (4 $\times$ 19,9 Min.)	79,6 Min.
$+t_{n1}$	20,0 Min.
t_e	406,6 Min.
$+t_r$	20,0 Min.
$T =$	426,6 Min.
abgerundet $T =$	425,0 Min.

Tabelle 24. t_e-*Zeiten für Lehren-Innenschleifen*

Lochtiefe in mm	Lochdurchmesser in mm					
	5	10	15	20	30	
5	51,0	51,5	42,5	47,5	47,5	
10	70,0	61,0	49,0	54,0	54,0	Min. für
15	94,0	74,5	56,0	60,5	60,5	1 Bohrloch
20	121,0	106,0	63,0	68,0	68,0	
30	—	150,5	110,0	100,0	81,5	

Für das Werkstück ist noch t_{n1} mit rd. 22 Minuten zuzuschlagen.

Bei Bedarf läßt sich die t_e-Zeittabelle, unter Benutzung der Werte in der Arbeitstabelle, weiter ausbauen.

Tabelle 25. *Nebenzeiten für Lehren-Innenschleifen*

Nebenzeit t_{n1} *je Werkstück*

Werkstück aufpratzen (Mittelwert) . . . . 8,0 Min.
Werkstück mittels Mikrouhr ausrichten . . . . 8,0 Min.
Werkstück abspannen und säubern . . . . 3,5 Min.

		19,5 Min.
$+ 10\%$	t_v	1,9 Min.
	t_{n1}	21,4 Min.

Nebenzeit t_{n2} *je Bohrloch*

Schleifaufmaß nachmessen . . . . 2,5 Min.
Bohrloch zentrieren und einstellen . . . . 2,8 Min.
Schleifkörper einsetzen . . . . 0,3 Min.
Schleifkörper abziehen . . . . 1,8 Min.
Anstellen zum Schleifen . . . . 0,8 Min.
Schleifkörper vor dem Polierdurchgang abziehen . . . . 2,2 Min.
Messen, im Durchschnitt $5 \times$ à 1,5 Min. . . . . 7,5 Min.
Schleifkörper ausspannen . . . . 0,2 Min.

		18,1 Min.
$+ 10\%$	t_v	1,8 Min.
	t_{n2}	19,9 Min.

Nebenzeit t_{n3} *je Bohrloch (im Bedarfsfall)*

Übermaß ausdrehen; Werkstoff ausgeglüht

Drehstahl einspannen . . . . 0,5 Min.
Drehstahl anstellen . . . . 1,5 Min.
Stahl nachschleifen . . . . 2,2 Min.
Stahl ausspannen . . . . 0,2 Min.
Messen $(3 \times)$ . . . . 1,8 Min.

		6,2 Min.
$+ 10\%$	t_v	0,6 Min.
	t_{n3}	6,8 Min.

In den vorstehenden Beispielen wurde versucht, eine Anleitung zur Entwicklung von speziellen Bearbeitungsformeln für Werkzeugmaschinen zu geben. Je nach der maschinellen Ausstattung des Betriebes werden in der Praxis auch noch andere als die besprochenen Arbeitsmethoden vorzufinden sein. Es sei hier an das Stempelhobeln, Kopierfräsen, Projektionsschleifen u. a. gedacht. Für diese Sonderarbeiten lassen sich ähnliche Formeln aufstellen, nur muß man sich in jedem Fall vorher Klarheit über

den Arbeitsablauf — die den Zeitbedarf wesentlich bestimmenden Arbeitsvorgänge und die Nebenzeiten

verschaffen.

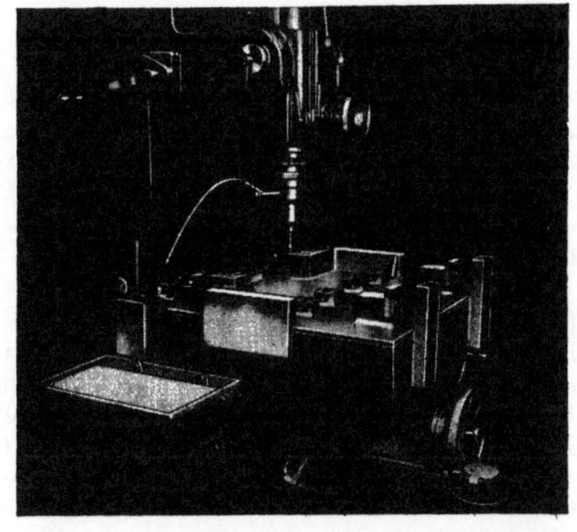

Abb. 33. Schleifen von Bohrungen in einer gehärteten Platte nach erfolgtem Zusammenbau

h) Normteile

Eine wesentliche Bereicherung und praktische Ergänzung der Rechentabellen ist die „Loseblatt-Sammlung" von Zeiten für komplette Untergruppen bzw. Einzelteile, die in gleicher oder ähnlicher Ausführung wiederholt Verwendung finden und daher meist in größeren Stückzahlen angefertigt und auf Lager gelegt werden. Zu solchen Teilen zählen u. a.:

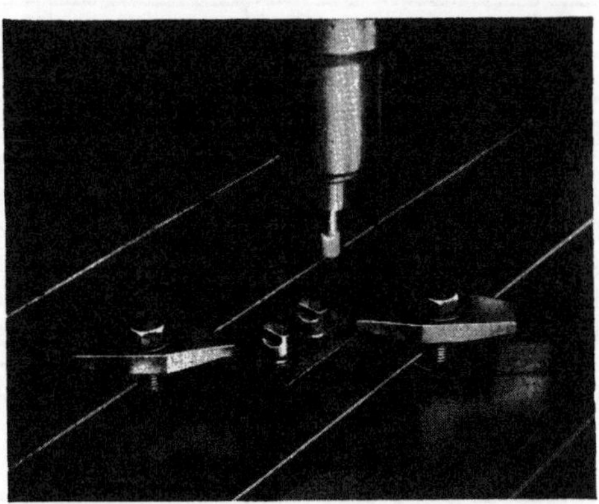

Abb. 34. Außenschleifen zweier Zapfen auf genauen Mittenabstand

Einspannzapfen — Führungsbuchsen — Führungssäulen — Seitenschneider und rechteckige Schnittstempel — komplette Tellerfederpakete — komplette Schnittkästen — komplette Führungsgestelle — Schnittringe mit Stempel — Rundschnittstempel und Lochernadeln — Auswerferbolzen.

In Tab. 26 bis 37 sind die Fertigungszeiten für eine Anzahl solcher lagerhaltigen Teile angegeben. Vor Benutzung dieser Zeiten empfiehlt sich jedoch eine Überprüfung derselben auf Grund der eigenen Betriebsverhältnisse.

Tabelle 26. *T-Zeit für die Anfertigung von 10 Stück Führungsbuchsen*

Arbeitsgänge	$\begin{matrix}d\\D\\L\end{matrix}$	$\begin{matrix}8\\16\\20\end{matrix}$	$\begin{matrix}15\\26\\40\end{matrix}$	$\begin{matrix}20\\30\\45\end{matrix}$	$\begin{matrix}25\\36\\50\end{matrix}$	$\begin{matrix}35\\50\\60\end{matrix}$	Ausführung
Drehen und Schmierloch bohren		270	350	390	500	650	
Härten		50	50	50	50	50	
Innenschleifen		90	150	190	260	320	
Außenschleifen		50	70	85	130	190	
Beschriften		40	40	40	40	40	
Prüfen		10	10	10	10	10	
Gesamtzeit in Minuten		510	670	765	990	1260	

Tabelle 27. *T-Zeit für die Anfertigung von 10 Stück Führungsbuchsen*

Arbeitsgänge	$\begin{matrix}d\\D\\L\end{matrix}$	$\begin{matrix}8\\16\\16\end{matrix}$	$\begin{matrix}15\\26\\25\end{matrix}$	$\begin{matrix}20\\30\\30\end{matrix}$	$\begin{matrix}25\\36\\40\end{matrix}$	$\begin{matrix}35\\45\\50\end{matrix}$	Ausführung
Drehen und Schmierloch bohren		160	225	255	320	420	
Härten		40	40	40	40	40	
Innenschleifen		85	130	160	210	260	
Außenschleifen		45	60	75	110	150	
Beschriften		40	40	40	40	40	
Prüfen		10	10	10	10	10	
Gesamtzeit in Minuten		380	505	580	730	920	

Tabelle 28. *T-Zeit für die Anfertigung von 1 Stück Schnittring mit Stempel*

Arbeitsgänge	Teil	$\begin{matrix}\\100/15/48\end{matrix}$	$\begin{matrix}L/d/D\\125/30/74\end{matrix}$	$\begin{matrix}\\125/50/100\end{matrix}$	Ausführung
Zuschneiden . . .	1 + 2	10	10	10	
Drehen	1 + 2	60	65	70	
Beschriften . . .	2	20	20	20	
Härten	1 + 2	15	15	15	
Rund schleifen . .	1	13	16	20	
Rund schleifen . .	2	16	18	20	
Flach schleifen . .	2	16	18	25	
Scharf schleifen . .	1	8	8	8	
Gesamtzeit in Min.		158	170	188	

Tabelle 29. *T-Zeit für das Anfertigen von 10 Stück Schnittplatten*

Arbeitsgänge	d/D/H				Ausführung
	10/36/14	20/48/18	35/74/20	50/98/25	
Sägen	15	20	35	55	
Drehen	155	200	220	270	
Härten	40	40	40	40	
Rundschleifen . .	90	100	115	140	
Flachschleifen . .	25	35	45	55	
Gesamtzeit in Min.	325	395	455	560	

Tabelle 30. *T-Zeit für das Anfertigen von 10 Stück Führungssäulen*

Arbeitsgänge	D	8	15	20	25	35	Ausführung
	L	70	125	170	200	220	
Drehen u. Zentrieren . .		80	120	165	190	210	
Härten		40	40	40	40	40	
Rundschleifen		100	170	230	300	400	
Prüfen		10	10	10	10	10	
Gesamtzeit in Minuten		230	340	445	540	660	

Tabelle 31. *T-Zeit für das Drehen von 1 bzw. 10 Stück Einspannzapfen*

L	d	Zeit in Min. für 1 Stck.	10 Stck.	Ausführung mit Nietzapfen
32	6	17,5	105	
42	9	20	125	
50	12	23	140	
60	16	28	190	

L	D	Zeit in Min. für 1 Stck.	10 Stck.	Ausführung mit Hals
30	13	19	117	
42	18	22	135	
48	22	24,5	160	
60	35	32	200	
75	50	40	250	

Tabelle 32. *T-Zeit für das Anfertigen von 2 Stück Seitenschneidern*

Arbeitsgang	B = 5 — 20 mm H = 5 — 8 mm	Ausführung
Zuschneiden	10	
Hobeln	20	
Fräsen	25	
Härten	20	
flach schleifen	65	
Prüfen	5	
Gesamtzeit in Minuten .	145	

Tabelle 33. *T-Zeit für das Anfertigen von 10 Stück Stempelköpfen*

Arbeitsgänge	Teil	$L/H/D$ in mm			Ausführung
		60/22/ 2	65/25/52	75/25/62	
Absägen	1 + 3	30	40	50	
Aussägen	2	25	25	25	
Drehen	1	230	250	270	
Drehen	3	60	70	80	
Flachschleifen	2 + 3	25	35	45	
Bohren u. Senken . .	1 — 3	300	300	300	
Gewinde in	3				
Verschrauben	1 — 3	30	30	30	
Überdrehen	1 — 3	20	20	20	
Zerlegen		15	15	15	
Härten	2	20	20	20	
Zusammenbauen . . .		20	20	20	
Prüfen		10	10	10	
Gesamtzeit in Min.		785	835	885	

Tabelle 34. *T-Zeit für das Anfertigen von 10 Stück Rundschnitt-Stempeln*

Arbeitsgänge	$d/D/x/L$ in mm			Ausführung
	1,5/3/5/25	4/6/12/50	8/10/20/75	
Drehen u. Abstechen	40	45	55	Zeit für das Stauchen s. Baugruppe „Kopf"
Härten	30	30	30	
Rundschleifen . .	35	45	85	
Prüfen	5	5	5	
Gesamtzeit in Min.	110	125	175	

Tabelle 35. *T-Zeit für das Anfertigen von 2 Stück Federelementen für die Aufnahme von Tellerfedern*

Arbeitsgang	Teil-Nr.	Minuten		Ausführung
Zuschneiden . . .	1/2/3/4	15	Mittelwerte für	
Drehen	1/2/3/4	120	die Größen:	
Fräsen	3	25	$16 \oslash \times 60$	
Flachschleifen . .	1/2/4	30	$20 \oslash \times 70$	
Rundschleifen . .	3	20	$30 \oslash \times 90$	
Härten	1/2/3/4	20		
Gesamtzeit in Min.		230		

Das Überschleifen des äußeren Durchmessers erfolgt nach dem Zusammensetzen des Federpaketes (s. Baugruppe „Kopf" Arb.-Gang Nr. 15).

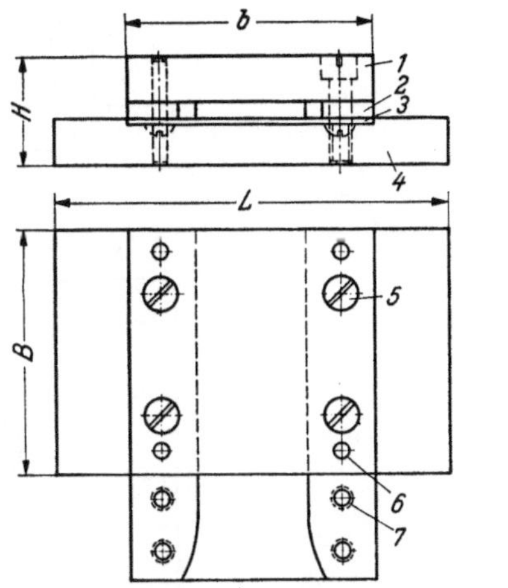

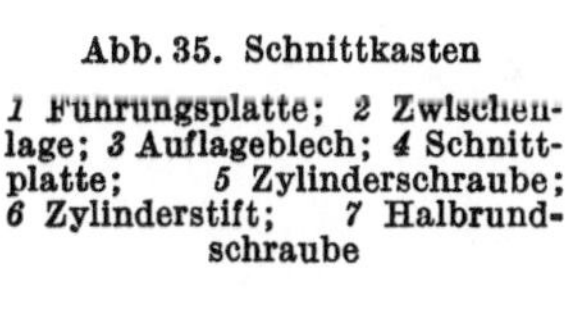

Abb. 35. Schnittkasten

1 Führungsplatte; *2* Zwischenlage; *3* Auflageblech; *4* Schnittplatte; *5* Zylinderschraube; *6* Zylinderstift; *7* Halbrundschraube

Tabelle 36. *T-Zeit für das Anfertigen eines kompletten Schnittkastens nach Abb. 35* [1]

Arbeitsgang	Teil	Vgl. Tabelle	Größe in mm		
			L 120	160	220
			B 60	100	160
			b 80	120	180
			H 38	42	44
Ausbrennen	Führungs- und Schnittplatte	46	15	17	19
Sägen.	2 Zwischenlagen	44	10	13	15
	1 Auflageblech		5	6	7
Hobeln (allseitig). . .	Führungs- und Schnittplatte	49	42	55	75
Flachschleifen	Führungs- und Schnittplatte	45	24	40	63
	2 Zwischenlagen		10	12	14
Kanten von Hand befeilen	sämtliche Teile	—	12	16	20
Feilen von Hand . .	1 Auflageblech	—	10	14	18
Spannen zum Bohren	sämtliche Teile	—	10	10	10
Bohren; Gewinde schneiden, Stiftlöcher reiben	sämtliche Teile	58/60	128	128	128
Verschrauben und Verstiften	sämtliche Teile	—	8	8	8
Prüfen	Schnittkasten	—	10	10	10
Gesamtzeit T			284	329	387

[1] Bei der Anfertigung mehrerer Schnittkästen gleicher Größe ist darauf zu achten, daß das Hobeln im Paket erfolgt; die Vorgabezeit richtet sich mithin nach der Größe des zusammengespannten Plattenpaketes.

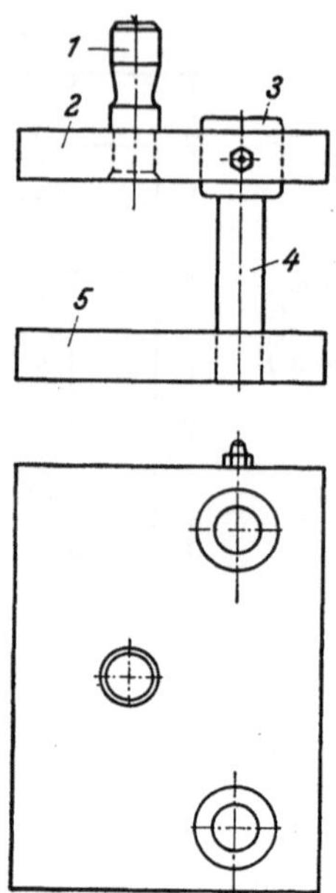

Abb. 36. Säulenführungsgestell

Tabelle 37. *T-Zeiten für das Anfertigen von 1 Stück Säulenführungsgestell nach Abb. 36*

Arbeitsgang	Teil-Nr.	vgl. Tabelle	Plattengröße in mm		
			60/100	100/180	150/280
Ausbrennen	2 + 5	46	15	17	19
Hobeln	2 + 5	49	40	60	100
Flachschleifen	2 + 5	45	35	45	70
Bohren auf Lehren-Bw. .	2 + 5	54	95	105	105
Drehen	1	31	18	20	23
Drehen (2 Stück)	3	27	50	50	50
Härten	3	—	20	20	20
Rundschleifen	3	40	47	47	47
2 Schmiernippel einsetzen	3	Baugr. Führung Nr. 11	40	40	40
Drehen	4	30	33	33	33
Härten	4	—	20	20	20
Rundschleifen	4	39	46	46	46
Führungssäule einpressen	4	Baugr. „Kopf"	40	40	40
Einnieten	1	Baugr. „Kopf"	15	15	15
Überschleifen	1 + 2	Baugr. „Kopf"	10	10	10
Eindrücken	3	Baugr. „Kopf"	30	30	30
Gängig machen	3	Baugr. „Kopf"	40	40	40
Gesamtzeit T			594	638	708

Tabelle 38. *T-Zeit für beiderseitiges Zentrieren von Werkzeugplatten auf dem Lehren-bohrwerk (zum Nachbohren auf der Tischbohrmaschine)*

Rüstzeit t_r: . . . . 15 Min.

t_{n1} je Werkstück

    Werkstück spannen, ausrichten, umspannen und 2 mal ausrichten . 15 Min.

t_{n2} je Bohrung

    Maße errechnen, zentrieren, Zentrierbohrer ein- und ausspannen . . 4,5 Min.

t_h doppelseitiges Anbohren . . . . 0,5 Min.

Beispiel: Nebenstehendes Werkstück auf dem Lehren-Bohrwerk mit doppelseitigen Zentrierbohrungen versehen

$$t_{n1} = \qquad\qquad 15 \text{ Min.}$$

$$t_{n2} = 2 \times 4{,}5 \qquad 9 \text{ Min.}$$

$$t_h \ = 2 \times 0{,}5 \qquad 1 \text{ Min.}$$

$$t_r \ = \qquad\qquad 15 \text{ Min.}$$

$$T = 40 \text{ Min.}$$

Tabelle 39. *t_e-Zeiten für das Rundschleifen von Paßbolzen und Wellen (Außenschliff)*

Schleif-$\varnothing$	Schleiflänge in mm						
	25	50	100	150	200	250	300
5	4,5	7,5	15	—	—	—	—
8	3,0	5,5	10	—	—	—	—
10	3,5	6,5	12	—	—	—	—
15	4,0	7,0	14	21	27	—	—
20	4,5	8,0	16	23	30	34	40
30	5,0	10	18	27	36	42	48
40	6,5	12	22	33	44	50	58
50	7,0	14	25	38	50	58	65
60	8,0	16	28	42	56	63	75

Tabelle 40. *t_e-Zeiten für das Rundschleifen von Buchsen (Innenschliff)*

Schleif-$\varnothing$	Schleiflänge in mm				
	25	50	75	100	150
5	15	30	—	—	—
8	13	24	—	—	—
10	13	24	—	—	—
15	12	22	—	—	—
20	12	22	34	—	—
30	12	23	36	47	—
40	13	25	39	52	—
50	14	27	41	55	82
60	15	29	43	58	86

Tabelle 41. *Rüstzeit für Rundschleifmaschinen*

Auftrag empfangen, Zeichnung lesen und Maße kontrollieren . . . . . 3,0 Min.
Drehzahl einstellen. . . . . 1,0 Min.
3-Backenfutter aufsetzen . . . . 0,7 Min.
Schleifscheibe wählen und einspannen . . . . 2,5 Min.
Auftrag abschließen und Zeit schreiben . . . . 3,5 Min.

$$t_{rg} \quad 10,7 \text{ Min.}$$
$$+\,6\% \qquad t_{rv} \quad 0,6 \text{ Min.}$$
$$t_r \quad 11,3 \text{ Min.}$$
$$\text{aufgerundet} \quad 12,0 \text{ Min.}$$

Tabelle 42. *t_e-Zeit für das Abschleifen von Nadeln auf der Nadel-Schleifmaschine*

Für das Abschleifen der eingeklammerten Durchmesser ist das Anschleifen einer Aufnahmespitze erforderlich; der Zuschlag hierfür ist in den t_e-Zeiten bereits enthalten. Die übrigen Durchmesser können fliegend geschliffen werden.

Die Rüstzeit für die Nadelschleifmaschine beträgt 5 Minuten.

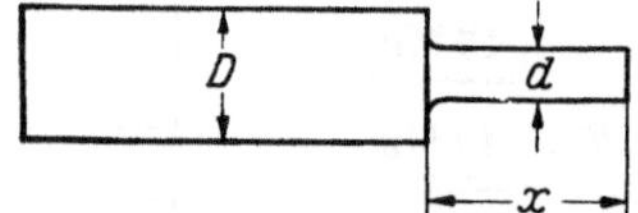

Schleif-länge x mm	Ausgangs-Durchmesser D in mm											
	2,5			3			4			6		
	abgeschliffener Durchmesser d											
	0,5	1	1,5	0,8	1,7	2,5	1	2	3	2	3,5	5
5	12	5	4	8	5	3,5	8	5	3,5	7	4	3
10	(16)	(7)	5	(10)	6	4	(10)	6	4	9	5	3
20	(28)	(12)	(9)	(20)	(12)	(8)	(17)	(11)	8	(15)	9	6
30	(40)	(20)	(14)	(30)	(20)	(12)	(25)	(18)	(13)	(21)	(15)	(10)
40	(55)	(30)	(20)	(40)	(26)	(16)	(35)	(24)	(20)	(30)	(18)	(12)

Tabelle 43. *t_e-Zeiten für das Gravieren oder elektrische Signieren von Lehren bzw. Werkzeugen auf der Graviermaschine*

Gravieren in Messing oder *Elektrisches Signieren in Stahl*

Rüstzeit t_r = 5,0 Minuten je Typengröße
t_e-Zeit = 0,6 Minuten für 1 Type
Nebenzeit $t_{n\,1}$ = 2,0 Minuten für 1 Zeile; bis zu 15 Typen gelten als 1 Zeilenreihe

Beispiel: Beschriftung (gravieren) zweier Lehren

1. Schriftbild: $\dfrac{\text{Gut}}{0,5 \text{ kg / 1 kg}}$

t_e = 12 Typen   7,0 Minuten
$t_{n\,1}$ = 2 Zeilen   4,0 Minuten
t_r = 1 Typen-
       größe   5,0 Minuten

T = 16,0 Minuten

2. Schriftbild: AA F 001285.02-A 100

t_e = 17 Typen   10,0 Minuten
$t_{n\,1}$ = 2 Zeilen   4,0 Minuten
t_r = 1 Typen-
       größe   5,0 Minuten

T = 19,0 Minuten

Tabelle 44. *Aussägen von Platten auf der Bandsäge; t_e-Zeiten für einen geraden Schnitt von 10 mm Länge*

Platten-stärke in mm	Werkzeug-stahl	Maschinen-baustahl	Messing	Leicht-metall	Hartpapier
5	0,30	0,20	0,06	0,04	0,03
10	0,40	0,30	0,09	0,06	0,05
20	0,60	0,45	0,16	0,10	0,08
30	0,84	0,63	0,20	0,13	0,11
40	1,10	0,84	0,28	0,16	0,14
50	1,45	1,08	0,34	0,20	0,16

(Rüstzeit nach Tab. 14 = 4,5 Min.)

Tabelle 45. *t_e-Zeiten für das doppelseitige Überschleifen einer Platte mit zwei Schnitten*

Schleiflänge in mm	Schleifbreite in mm				
	25	50	100	150	200
50	8	11	17	23	29
75	8,5	11,5	18	25	32
100	8,5	12,5	20	27	35
150	9	13	21	29	37
200	9,5	14	23	32	41
300	10	15	25	35	45
400	10,5	16	27	38,5	49,5

Rüstzeit: 5 Minuten   Werkstoff: Maschinenbaustahl

Tabelle 46. *Zeitwerte für das autogenische Ausbrennen von Platten*

Materialstärke in mm	t_e in Min.	t_r	t_n je Richtungs-änderung
2	0,25		
5	0,30	10	0,20
10	0,35		
20	0,42		
30	0,50		
40	0,57	10	0,30
50	0,65		
100	0,95	15	0,50
120	1,20		

Mittlere Werte für 100 mm Schnittlänge

Tabelle 47. *Zeitwerte für das Abschneiden von Rund- und Vierkantmaterial auf der Bügelsäge*

$\varnothing$	$\square$	t_e in Minuten für:		t_r
		St. 50—60	St. 70—80	
20	18	0,8	1,2	
40	35	1,2	1,9	5
60	53	2,0	3,2	
80	70	2,5	4,0	
100	88	3,5	5,6	
125	110	5,5	8,8	10
150	130	7,5	12,0	
175	155	10,0	16,0	
200	180	13,0	21,0	
250	220	20,0	32,0	20
300	270	31,0	50,0	

Tabelle 48. *t_e-Zeiten für das Einschleifen von Führungs- oder Schnitteinsätzen*
(Hierunter ist das Passendschleifen der Seiten eines Einsatzes in die Klammer oder in den Rahmen zu verstehen.)

Umfang des Einsatzes in mm	Stärke des Einsatzes in mm		Gesamtstärke mehrerer gleichzeitig aufgespannter Einsätze (Paketstärke)		
	10	20	30	40	50
50—100	10	15	20	25	30
110—200	15	20	25	33	40

Zuschlag für verzugsempfindliche Teile: 30 bis 70% zu obigen Zeiten

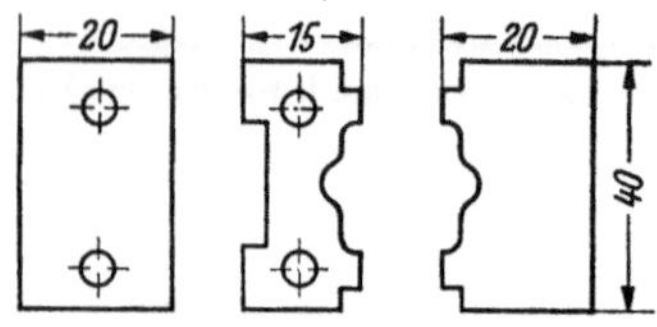

Abb. 36a. Schnitteinsätze

Beispiel: Es sind 3 Schnitteinsätze nach Abb. 36a in einen Rahmen passend einzuschleifen. Die Stärke der Einsätze beträgt 18 mm.

Auf Höhe schleifen:

Gesamtschleiflänge: 55 mm
Schleifbreite: 40 mm
Nach Tab. 45 beträgt die Schleifzeit. . . . . 10 Min.
An Nebenzeit sind hierfür gegenüber dem einfachen Überschleifen von Werkzeugplatten erforderlich:
für durchschnittlich 5 Meßvorgänge à 0,5 Min. . . . . 2,5 Min.
für wiederholtes Auf- und Abspannen der Einsätze . . . . 2,5 Min.
$$t_e = 15{,}0 \text{ Min.}$$

Umfang der Einsätze schleifen:
Einsatz 1 + 3 werden gemeinsam geschliffen
Schleifumfang: 120 mm (Tab. 48) . . . . 33,0 Min.
Einsatz 2 schleifen; Schleifumfang: 110 mm . . . . 20,0 Min.
$$t_e = 53{,}0 \text{ Min.}$$
$$+ t_r = 5{,}0 \text{ Min.}$$
$$T = 73{,}0 \text{ Min.}$$

Tabelle 49. *t_e-Zeiten für allseitiges Hobeln von Werkzeugplatten mit je einem Schrupp- und Schlichtspan (2-Maschinen-Bedienung)*

Breite in mm	Länge in mm	Stärke in mm				
		10	20	30	40	50
25	50	15	16	17	18	20
	100	16	18	20	22	24
	150	18	20	22	24	26
	200	20	22	24	26	28
	250	22	24	26	28	30
	300	24	26	28	30	32
50	50	17	18	19	20	22
	100	19	21	22	24	25
	150	21	23	25	26	28
	200	24	26	28	30	32
	250	26	28	31	34	36
	300	28	30	33	36	38
75	50	18	19	20	22	24
	100	20	22	24	26	28
	150	23	25	27	30	32
	200	26	28	30	33	36
	250	28	31	33	36	40
	300	32	35	38	41	45
100	50	19	20	22	24	26
	100	21	23	26	29	32
	150	24	27	30	34	37
	200	28	31	34	37	41
	250	33	36	39	43	47
	300	38	41	45	49	53
125	50	20	22	24	25	28
	100	24	27	30	33	35
	150	27	31	34	38	42
	200	31	35	39	44	49
	250	37	41	45	50	55
	300	42	46	50	55	60
150	50	21	23	25	27	30
	100	25	28	32	35	37
	150	30	33	36	40	44
	200	35	38	42	47	51
	250	43	47	51	55	60
	300	50	54	58	63	68
200	50	24	26	28	31	33
	100	28	31	34	37	41
	150	35	38	41	44	48
	200	45	48	51	55	59
	250	50	55	60	65	70
	300	60	66	72	79	85

Tabelle 50. *t_e-Zeiten für das Ausfräsen von Nuten in Schnitt- u. Führungsplatten*

Rüstzeit: 10 Minuten

t_e-Zeit für 1 Ausnehmung

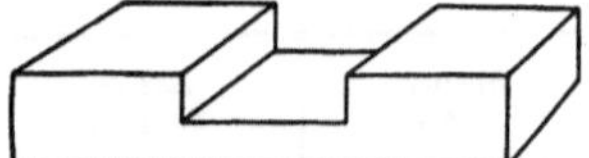

Fräsbreite	Frästiefe	Fräslänge in mm						
		20	40	60	80	100	150	300
Werkstoff: St 50.11								
20	5	10	10	11	11	12	13	14
20	10	10	11	12	13	14	17	19
40	5	10	10	11	11	12	13	14
40	10	11	12	13	14	15	17	20
40	20	14	16	18	20	22	27	32
60	10	13	15	17	19	21	26	31
60	20	18	22	26	30	34	44	54
80	10	14	16	18	20	22	27	32
80	20	20	24	28	32	36	46	56
100	10	17	20	23	26	29	37	44
100	20	26	33	38	44	50	65	80
150	10	20	24	28	32	36	46	56
150	20	32	40	49	56	64	84	104
Werkstoff: Chromnickelstahl (geglüht)								
20	5	10	11	12	13	14	17	19
20	10	12	14	16	18	20	24	29
40	5	10	12	13	14	15	17	20
40	10	14	16	18	20	22	26	30
40	20	20	24	28	32	36	45	54
60	10	18	22	26	30	34	43	52
60	20	27	35	43	50	58	78	97
80	10	20	24	28	32	34	45	54
80	20	31	38	46	54	61	80	98
100	10	25	31	37	43	48	61	77
100	20	42	54	65	77	88	117	146
150	10	31	38	46	53	61	76	98
150	20	54	70	85	100	115	153	193

Eine Durchsprache der Kalkulationstabellen 38 bis 50 erübrigt sich, da sie nach allgemein gültigen Bearbeitungsformeln errechnet sind und lediglich als Unterlage für die im Abschn. 5, S. 98 ff., behandelten Beispiele aus der Praxis der Zeitermittlung dienen sollen.

3. Die Zeitvorgabe für den Werkzeugzusammenbau

In der Arbeitsgruppe „Werkzeugzusammenbau" begegnen wir etwa 85% akkordfähigen Arbeiten, denen nur 13% bedingt akkordfähige Verrichtungen gegenüberstehen; der Rest von etwa 2% beschränkt sich auf die Montage von Sondereinbauten wie Heizung, elektrische Sondersicherung u. a. sowie auf anfallende Härtereiarbeiten. In dieser Gruppe erfolgt nun das Einpassen und Montieren der aus der „maschinellen Teilefertigung" angelieferten Einzelteile. Da eine Reihe von Operationen an den Einzelteilen von der Einpaßarbeit abhängig ist, verbleiben hier noch Maschinenarbeiten, die nach dem ersten Zusammenbau des Werkzeuges der Maschinengruppe zur endgültigen Fertigbearbeitung zurückgegeben werden. Diese Nach- bzw. Endbearbeitung erstreckt sich in der Hauptsache auf das

Scharfschleifen von Stempeln,
Überschleifen von Federpaketen,
Lehrenbohren zusammengesetzter Platten,
Überschleifen eingelassener Druckplatten,
Sägen und Feilen von Durchbrüchen im Fußgestell
nach Anriß von der Schnittplatte.

Aus der Überlegung, nach welchen Gesichtspunkten die Aufteilung der Kalkulationsunterlagen für den Werkzeugzusammenbau am zweckmäßigsten vorzunehmen sei, entwickelte sich aus der Praxis heraus eine Richtung, die zu einer günstigen Lösung führte; nämlich zur Aufgliederung der Kalkulationsunterlagen nach Werkzeug*baugruppen*. Ausschlaggebend für die Zeitermittlung nach Werkzeugbaugruppen ist in erster Linie die klare Übersicht der Kalkulationsfolge. Zum anderen bietet sie den Vorteil einer übersichtlichen Abgrenzung der Arbeitsgänge bei beachtlicher Einschränkung der Kalkulationsunterlagen. Der Versuch, an Stelle der *Baugruppen* die Werkzeug*arten* als Basis für die Aufteilung der Kalkulationsunterlagen zu benutzen, führte nicht zu dem gewünschten Erfolg. Das Ineinandergreifen der Arbeitsoperationen komplizierter Werkzeuge (z. B. Verbundwerkzeuge mit Loch-, Biege- und Ziehoperationen) führt nämlich oft zu einer Verwischung des Werkzeugcharakters und läßt daher eine sinnvolle Abgrenzung der einzelnen Werkzeugarten, kalkulationstechnisch gesehen, nicht zu.

Der grundsätzliche Aufbau der weitaus meisten Werkzeuge erlaubt dagegen, die umseitig aufgeführten Werkzeugbaugruppen als Grundlage für das Kalkulationsschema zu benutzen.

Diese Unterteilung dürfte bei fest umrissener Abgrenzung des Kalkulationsablaufes in größeren Kalkulationsabteilungen die Möglichkeit einer Arbeitsteilung geben. Zur Zeit liegen allerdings noch keine praktischen Erfahrungen hierfür vor. Die einzige Schwierigkeit dürfte in der Behandlung solcher Arbeiten zu erblicken sein, die zwei Bau-

Werkzeugbaugruppe	Untergruppe bzw. Teile
Kopf	Zapfen Zapfenplatte oder Säulenoberteil Druckplatte Stempelplatte Stempel, Nadeln, Seitenschneider
Führung	Klammer für Führungseinsätze Führungseinsätze Führungsplatte Aufschlag-Kopfstücke Streifenzentrierer Führungsbuchsen Führungsbolzen Federpakete
Schnitt	Klammer für Schnitteinsätze Schnitteinsätze Schnittplatte Deckleisten Streifenführung Aufschlag-Unterteil Abstreifbleche Niederhalter Anschlag
Unterteil	Grundplatte oder Säulenunterteil Führungssäulen Matrize
Sondereinbauten	Elektr. Sicherung Elektr. Heizung Verriegelung Keiltriebe Preßluftanschluß usw.

Abb. 37. Unterteilung der Werkzeugbaugruppen

gruppen berühren (z. B. durchgehende Bohrungen) und dadurch die exakte Abgrenzung der Arbeitszeiten pro Baugruppe erschweren. Diese Behinderung läßt sich aber dadurch beseitigen, daß man solche Arbeitsgänge in den Kalkulationstafeln mit einem Index versieht, der auf die zuständige Baugruppe hinweist, in welcher die Arbeitszeiten geschlossen zusammenzufassen sind.

Immerhin sollte die Aufteilung der Werkzeugkalkulation nicht aus dem Auge gelassen werden, denn durch die Teilung der Aufgabe wird automatisch eine Stabilisierung der Vorgabezeiten, ein schnelleres Zurechtfinden in den Kalkulationstabellen und damit eine beschleunigte Bearbeitung der Aufträge erreicht.

Richtunggebend für die Ermittlung der Vorgabezeit ist in erster Linie die Anzahl, Form und Größe der zur jeweiligen Baugruppe gehörenden Einzelteile. Daneben wird die Zusammenbauzeit von der Größe bzw. dem Gewicht des Werkzeuges beeinflußt; die Mehrzeit hierfür wird in Form eines prozentualen Zuschlages zur Gesamtzeit vorgegeben. Einen Maßstab für die Größenbewertung gibt auch der Führungssäulenabstand, der in einem gewissen Verhältnis zur Werkzeuggröße steht (s. Hinweis auf Seite 88).

Die in den Baugruppentabellen (s. S. 76—88) aufgeführten Arbeitsgänge stellen Standardarbeiten dar, wie sie wahlweise bei allen Schnitt- und Stanzwerkzeugen vorkommen.

Die in ( ) befindlichen Zeiten sind Maschinenzeiten für die Endbearbeitung der Einzelteile, deren Fertigbearbeitung erst *nach* erfolgtem Einpassen möglich ist. Sie dürfen also im Fertigungsplan nicht in der Spalte „Zusammenbau" erscheinen, sondern sie sind als Anteil der Arbeitsgruppe „Maschinelle Teilefertigung" in die jeweilige Spalte für Maschinenarbeit einzusetzen. Die Mehrzahl dieser Endbearbeitungsvorgänge setzt sich aus Bohr- und Durchbrucharbeiten zusammen. Eine Sammlung von Zeitwerten für solche zusätzlichen Bohrarbeiten ist in den Bohrtabellen (Tab. 51 bis 60) zu finden. Die darin enthaltenen Arbeitsgänge sind nach den Bedürfnissen im Werkzeugzusammenbau geordnet und zusammengestellt. Sind also neben den Standardarbeitsgängen, die in den Baugruppentabellen aufgezeichnet sind, noch weitere Bohrarbeiten auszuführen, so sind hierfür die Werte der Bohrtabellen zu verwenden. Diese Werte stellen grundsätzlich t_g-Zeiten dar; es kommt also noch die Nebenzeit für das *Aufspannen* und *Ausrichten* des Werkstückes hinzu. Sie beträgt

für das Lehrenbohrwerk im Mittel 20 Min.,

für die Tischbohrmaschine im Mittel 5 Min.

Vielfach wird die Zeit für den Werkzeugzusammenbau insofern *unter*schätzt, als das wiederholte Zusammenstellen und Zerlegen einzelner Baugruppen zwecks Durchführung von Bohrungen mit verdeckter Senkung außer acht gelassen wird. Es werden sich auch nicht alle Bohrungen von einer Richtung her vornehmen lassen. Häufig muß das Fixieren von fluchtenden Durchbrüchen von der Gegenseite her erfolgen, was wiederum ein gesondertes Verschrauben und erneutes Zerlegen der Baugruppe erforderlich macht. Der Zeitaufwand für diese wiederholten Fügearbeiten läßt sich schwerlich den t_g-Zeiten für die Bohr- und Einpaßarbeiten als solchen beiordnen. Er ist, je nach der Konstruktion des Werkzeuges, an Hand der Zeichnung zu ermitteln und individuell zuzuschlagen. Zwar lassen sich auch hierfür Richtwerte erstellen, die man von der Größe bzw. dem Gewicht der Baugruppe, der Anzahl der Verbindungselemente und der Plattenstärke ableiten kann. Die *Häufigkeit* der erforderlichen Füge- und Zerlegearbeit, die oft funktionell bedingt ist, wird sich indessen kaum tabellenmäßig genau vorschreiben lassen. Sie ist als bedingt akkordfähige Verrichtung anzusehen, und es bleibt den praktischen Erfahrungen des Vorkalkulators überlassen, Umfang, Wert und Häufigkeit der wiederholten Fügearbeit während des Werkzeugzusammenbaues gesondert zu ermitteln und vorzugeben. Soweit es sich um die in den Baugruppentabellen

Tabelle 51[1]. *t_g-Zeiten in Minuten für 1 Bohrung durch mehrere Platten einschließlich Senkung für Aufnahme von Teller- oder Druckfedern*

(Ausführung auf dem Lehrenbohrwerk.)

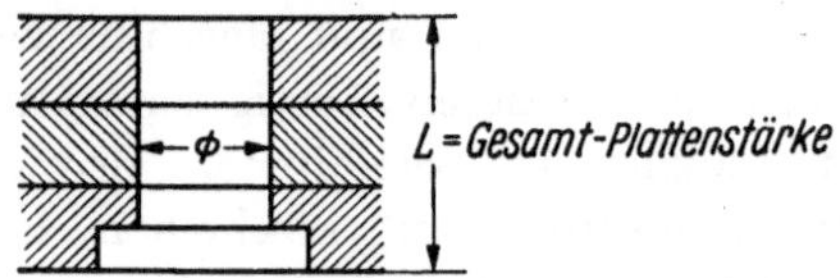

Ø in mm	Gesamt-Bohrlänge L in mm einschl. Senkung					
	20	40	60	80	100	150
6	(25)	(34)	(43)	(51)	(59)	(80)
10	(30)	(40)	(50)	(60)	(70)	(95)
15	(35)	(47)	(59)	(71)	(83)	(112)
20	(40)	(53)	(65)	(77)	(90)	(125)
30	(51)	(65)	(80)	(94)	(108)	(143)
40	(60)	(75)	(90)	(105)	(120)	(158)

Tabelle 52. *t_g-Zeiten in Minuten für Führungsbolzen-Bohrungen durch mehrere Platten*

(Ausführung auf dem Lehrenbohrwerk.)

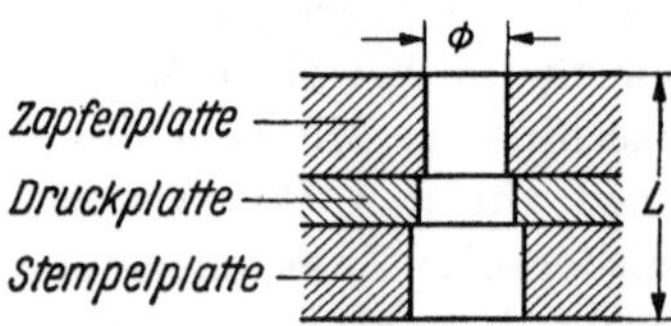

Ø in mm	Bohrlänge L in mm			Druck- und Stempelplatte nachträglich auf Tischbohrmaschinen freibohren
	20	50	100	
6	(17)	(26)	—	
10	(21)	(30)	—	12
16	(24)	(35)	(60)	
20	(30)	(40)	(65)	

[1] Tab. 51 bis 54 sind für Arbeiten auf dem Lehrenbohrwerk vorgesehen. Neben den Bohrzeiten sind durchschnittlich 20 Minuten Nebenzeit für das Aufspannen und Ausrichten des Werkstückes vorzugeben.

Die Rüstzeit für das Lehrenbohrwerk beträgt 15 Minuten.

Tabelle 53. *t_g-Zeiten für das Zentrieren von Bohrungen auf dem Lehrenbohrwerk. Desgleichen für das Fertigbohren auf der Tischbohrmaschine*

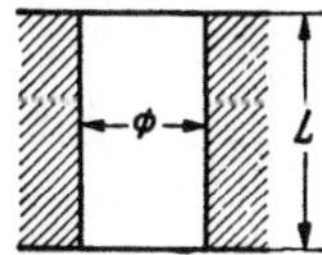

Ø in mm	Zentrieren u. anbohren auf dem Lehrenbohrwerk	L auf Tischbohrmaschine fertig bohren					
		10	20	40	60	80	100
3—4	(6)	3,0	3,5	3,5	—	—	—
6—8	(6)	3,0	3,0	3,5	4,0	—	—
10	(6)	3,0	3,0	4,0	4,5	5,0	6,0
16	(6)	3,5	3,5	4,5	5,0	6,0	7,0
20	(6)	4,0	4,5	5,0	5,5	6,5	8,0
30	(6)	5,0	5,5	6,0	6,5	7,5	9,0

Tabelle 54. *t_g-Zeiten für das Zentrieren, Bohren und Ausdrehen einer Bohrung auf dem Lehrenbohrwerk*

Ø in mm	Lochtiefe in mm							
	10	15	20	30	40	50	75	100
bis 4	(13,5)	(14,5)	(16,0)	(18,5)	—	—	—	—
4,5— 6	(14,5)	(16,5)	(17,0)	(20,0)	(22,5)	(26,0)	—	—
6,5— 8	(15,5)	(17,0)	(19,0)	(22,0)	(25,5)	(28,0)	—	—
8,5—12	(17,5)	(19,0)	(20,5)	(24,0)	(28,0)	(30,5)	(35,0)	—
13 —18	—	—	(23,5)	(27,5)	(31,5)	(35,0)	(42,0)	(60,0)
19 —25	—	—	(26,0)	(30,0)	(35,0)	(40,0)	(57,0)	(65,0)
26 —30	—	—	(29,0)	(33,0)	(39,0)	(45,0)	(60,0)	(70,0)
31 —35	—	—	—	(36,0)	(43,0)	(50,0)	(64,0)	(75,0)
36 —40	—	—	—	(40,0)	(47,0)	(55,0)	(67,0)	(80,0)

Tabelle 55. *t_g-Zeiten für das Bohren von Löchern auf der Tischbohrmaschine (Werkzeugmacherarbeit) einschließlich Gewinde von Hand schneiden*

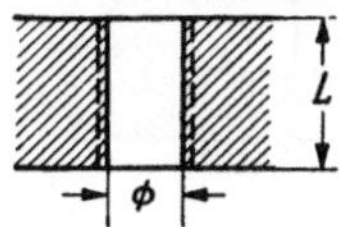

Ø in mm	Länge in mm					
	10	20	30	40	50	
3—4	10,0	13,0	15,5	—	—	
6—8	9,0	11,0	13,0	15,5	—	Für Grundlöcher +30%
10	8,0	9,5	11,5	14,0	16,0	
16	9,0	10,5	12,0	14,5	17,0	
20	9,5	11,5	13,5	16,0	19,0	

Tabelle 56. t_g-Zeiten für das Reiben vorhandener Bohrungen von Hand

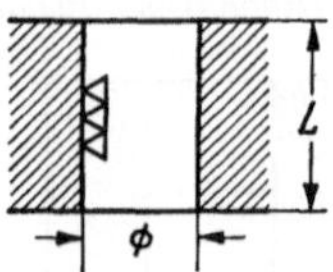

Ø in mm	Länge der Bohrung in mm			
	20	40	60	80
3—4	4,5	8,5	—	—
6—8	4,0	7,5	11,0	—
10	3,5	6,5	10,0	12,0

Tabelle 57. t_g-Zeiten für das Bohren und Senken (Zapfensenker) auf der Tischbohrmaschine

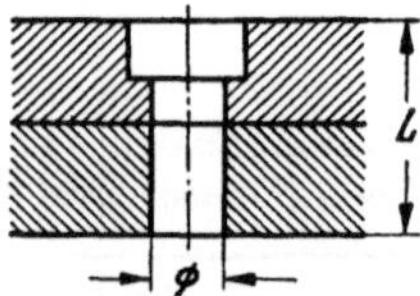

Ø in mm	Länge in mm			
	20	40	60	80
3—4	5,0	6,5	—	—
6—8	4,5	5,5	6,5	—
10	4,5	6,0	7,5	—
16	—	6,5	7,5	8,0
20	—	7,0	8,0	8,5

Tabelle 58. t_g-Zeiten für das Bohren und Senken auf der Tischbohrmaschine einschließlich Gewinde von Hand schneiden

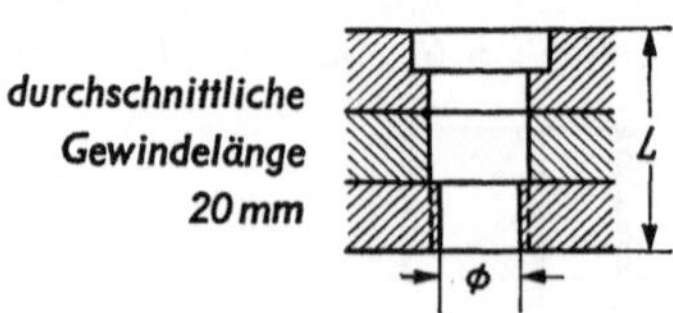

Ø in mm	Länge in mm			
	20	40	60	80
3—4	13,5	14,5	—	—
6—8	13,0	13,5	14,5	—
10	—	12,0	13,5	15,0
16	—	13,5	14,5	16,5
20	—	15,0	16,5	18,0

Tabelle 59. *t_g-Zeiten für das Schneiden von* Gewinde *von Hand in vorhandene Bohrungen*

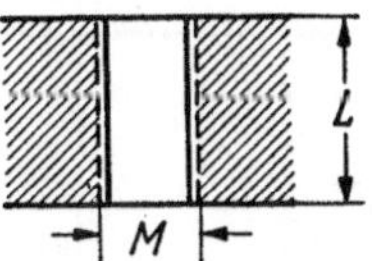

M	Gewindelänge in mm				
	10	20	30	40	50
3—4	7,0	9,5	—	—	—
6—8	6,0	8,0	10,0	—	—
10	5,0	6,5	8,0	10,0	12,0
16	5,5	7,0	8,5	11,0	13,5
20	6,0	8,0	9,5	11,5	14,0

Tabelle 60. *t_g-Zeiten für das Bohren und Reiben von Stiftlöchern*

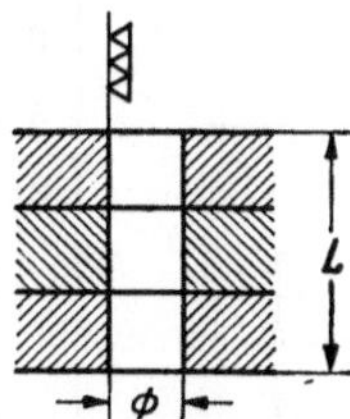

Ø in mm	Länge des Stiftloches in mm			
	20	40	60	80
3—4	7,5	12,0	—	—
6—8	7,0	11,0	15,0	—
10	6,5	10,5	14,0	17,0

aufgeführten Standardarbeitsgänge handelt, wurden hier die Einzelheiten für das erforderliche Spannen oder Fügen und Zerlegen der Baugruppenteile in die Gesamtzeit bereits einbezogen.

Es folgt nunmehr die laufende Aufzeichnung der nach Baugruppen geordneten Arbeitsgänge für den Werkzeugzusammenbau, wobei die dem Lohngruppenkatalog entsprechende Bewertung der Arbeitsschwierigkeit in der Faktorspalte F ihren Ausdruck findet. In der rechten Spalte erscheinen die Vorgabezeiten unter Hinweis auf die Bezugsgrößen, von denen die Zeitbildung abhängig ist.

Die Baugruppentabellen können gewissermaßen als Kalkulationskatalog für den Werkzeugzusammenbau angesehen werden. Bei ihrer Erstellung ist darauf zu achten, daß jeder Arbeitsgang als zeitlich abgeschlossener Vorgang erscheint. Kommen Arbeiten vor, deren Stufen mit denen eines anderen Arbeitsganges verschmelzen, so ist im Interesse einer klaren Zeitabgrenzung eine, unter Umständen sogar mehrfache, Trennung der Arbeitsgänge vorzunehmen.

Baugruppe **Kopf**

Lfd. Nr.	Arbeitsgänge	F	Einzelzeit in Minuten

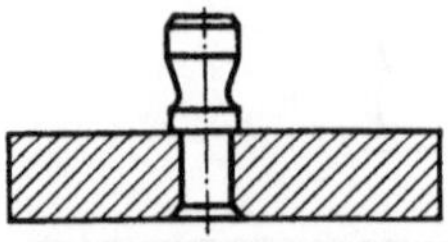

Zapfen eingenietet

1 — Spannzapfen in Zapfenplatte befestigen einschließlich bohren und Gewinde schneiden — F = 4

eingeschraubt	eingenietet
25	15

1a — Eingenieteten Zapfen mit Zapfenplatte überdrehen — F = 3 — (10)

2 — Eingelassene (versenkte) Druckplatte in Zapfenplatte oder Oberteil einpassen — F = 5

Form der Druckplatte

rund	oval	recht-eckig	zwei-teilig
10	25	20	40

Druckplatte zum Härten bringen — F = 3 — 10

Druckplatte überschleifen — F = 3 — (20)

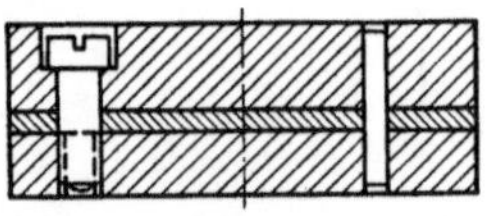

3 — Zapfenplatte mit Druck- und Stempelplatte verschrauben und verstiften einschl. bohren, reiben und Gewinde schneiden — F = 5

Anzahl der Schrauben/Stifte

2/2	4/2	6/4
80	110	165

3a — Druckschmierkopf anbringen — — — s. Baugr. Führung Lfd. Nr. 11

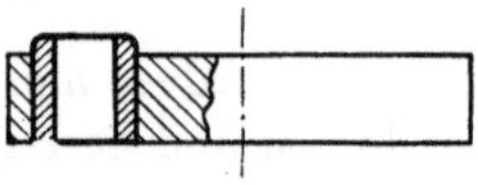

4 — Führungsbuchsen in Zapfenplatte einziehen — F = 5

Anzahl der Buchsen

2	4	6
30	60	100

5 — Führungsbuchsen nach erfolgtem Werkzeugzusammenbau gängig machen (einlaufen lassen) je Buchse — F = 5 — 15

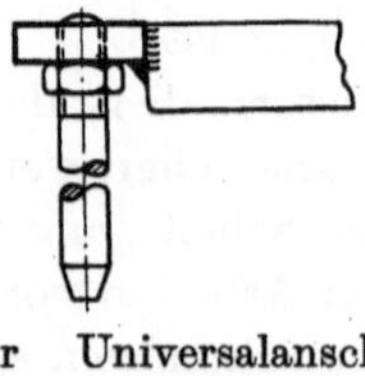

6 — Auge für Universalanschlagsteuerbolzen an Stempelplatte anpassen und zum Schweißen vorbereiten — F = 5

Anzahl der Augen

1	2
20	40

Lfd. Nr	Arbeitsgänge	F	Einzelzeit in Minuten
7	Auge anschweißen	4	(10) (20)
8	Auge nach dem Schweißen befeilen, nachbohren, Gewinde schneiden; einschließlich Baugruppen Kopf, Schnitt und Führung zusammenpassen und wieder zerlegen	6	Anzahl der Bolzen 1 2 40 60
	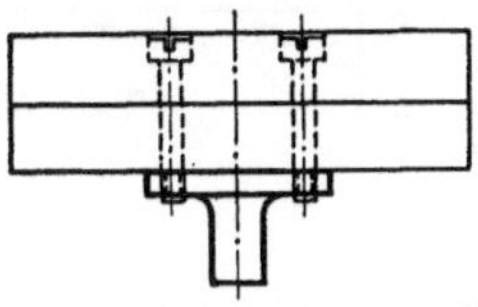		
9	Abgesetzten Stempel an Stempelplatte anschrauben und verstiften (zusammen mit Zapfenplatte) einschließlich Gewinde schneiden	5	Anzahl der Schraubenlöcher/Stiftlöcher 2/2 3/2 4/2 65 80 95
	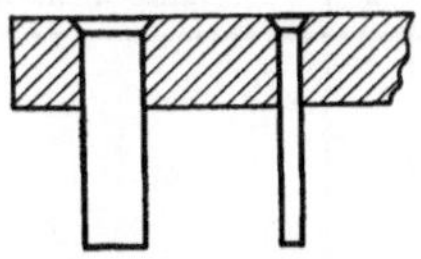		
10	Stempelköpfe stauchen, in Stempelplatte einpassen und vernieten Zeit je Stempel:	5	Stempelumfang in mm rd. 20 40 60 80 100 10 15 20 25 30 35
11	Stempelplatte mit eingenieteten Stempeln überschleifen (2-Maschinen-Bedienung)	4	Stempelplattenbreite mm 60 100 150 (15) (20) (35)
	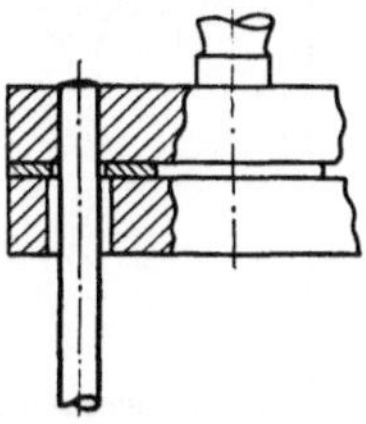		
12	Führungsbolzen zur Führung des federnden Niederhalters in Zapfenplatte oder Oberteil einpassen und befestigen	5	Anzahl der Führungsbolzen 2 4 6 30 60 100
	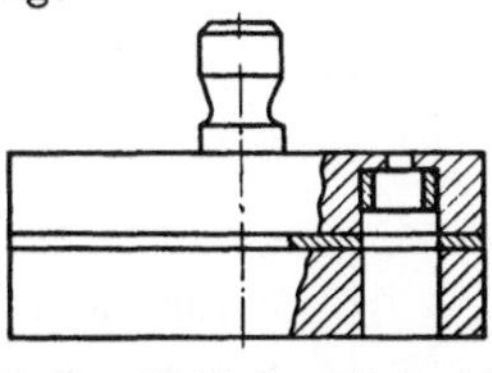		
13	Distanzhülsen für Federpakete in Zapfenplatte einpassen u. leicht eindrücken	5	Anzahl der Distanzhülsen 2 4 6 5 10 15

Lfd. Nr.	Arbeitsgänge	F	Einzelzeit in Minuten			
14	Federpakete einsetzen und ausprobieren	6	Anzahl der Federpakete			
			2	4	6	8
			40	55	75	100
15	Federpakete rundschleifen	5	(30) (60) (90) (120)			
16	Druckfedern einsetzen und ausprobieren	6	Anzahl der Druckfedern			
			2	4	6	8
			70	90	110	140
17	Sämtliche zusätzlichen Bohrungen in Zapfen-, Stempelplatte oder Oberteil	5	s. Tab. 51 bis 60			

Baugruppe **Führung**

Lfd. Nr.	Arbeitsgänge	F	Einzelzeit in Minuten					
1	Rahmen für die Aufnahme von Führungseinsätzen (Segmenten) auf Führungsplatte aufschrauben und verstiften einschließlich bohren, Gewinde schneiden und Stiftlöcher reiben	6	Anz.d.Schrauben		Anzahl d. Stifte			
			4	6	2	4		
			85	115	20	40		
2	Geteilte Klammer für die Aufnahme von Führungseinsätzen auf Führungsplatte aufschrauben und verstiften	6	Anz.d.Schrauben		Anzahl d. Stifte			
			4	6	4	6		
			95	125	40	60		
3	Führungseinsätze befestigen: a) weich; in Führungsplatte einstauchen	6	Anzahl der Einsätze					
			2	4	6	8	10	12
			25	45	60	75	85	95

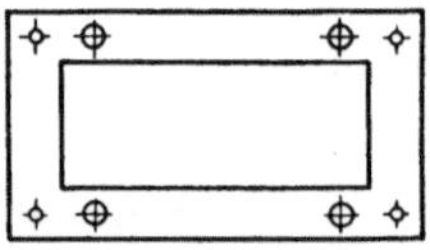

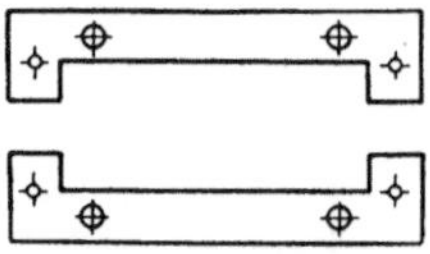

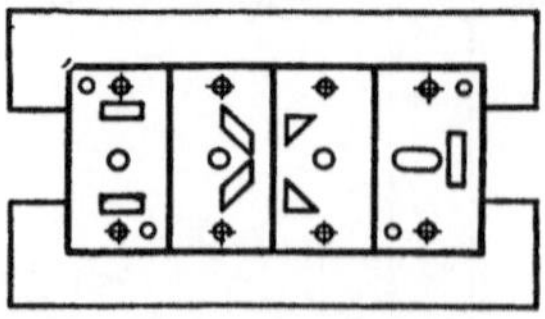

<table>
<tr><th>Lfd. Nr.</th><th>Arbeitsgänge</th><th>F</th><th>Einzelzeit in Minuten</th></tr>
<tr><td></td><td>b) gehärtet; mit Führungsplatte verschrauben, einschließlich Gewinde schneiden und Stiftlöcher reiben</td><td>6
6</td><td>Anzahl der Schrauben
<table><tr><td>2</td><td>4</td><td>8</td><td>12</td><td>16</td><td>20</td></tr><tr><td>45</td><td>75</td><td>140</td><td>200</td><td>265</td><td>330</td></tr></table>
Anzahl der Stifte
<table><tr><td>2</td><td>4</td><td>6</td><td>8</td><td>10</td></tr><tr><td>20</td><td>40</td><td>60</td><td>80</td><td>100</td></tr></table></td></tr>
<tr><td>4</td><td>Stempel in Führungsplatte oder Führungseinsatz einpassen
</td><td>6</td><td>Zeiten s. Tab. 61</td></tr>
<tr><td>5</td><td>Aufschlagkopfstücke auf Unterseite der Führungsplatte aufschrauben einschließlich bohren und Gewinde schneiden
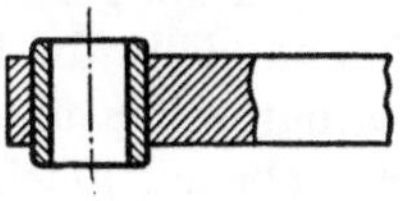
oder:
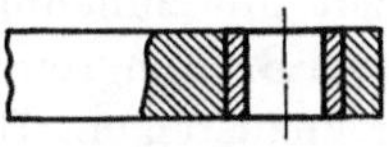</td><td>5</td><td>
<table><tr><th colspan="2">Runde Form</th><th colspan="2">Eckige Form</th></tr><tr><td>1 Stck.</td><td>2 Stck.</td><td>1 Stck.</td><td>2 Stck.</td></tr><tr><td>25</td><td>40</td><td>40</td><td>75</td></tr></table></td></tr>
<tr><td>6</td><td>Führungsbuchsen in Führungsplatte einziehen</td><td>5</td><td>Anzahl der Buchsen
<table><tr><td>2</td><td>4</td><td>6</td></tr><tr><td>30</td><td>60</td><td>100</td></tr></table></td></tr>
<tr><td>7</td><td>Führungsbuchsen einlaufen lassen (in Arbeitsgang 5 der Baugruppe Kopf enthalten)</td><td></td><td></td></tr>
<tr><td>8</td><td>Schnittkästen komplett zusammenbauen siehe Arbeitsgang 16 der Baugruppe „Schnitt“</td><td></td><td></td></tr>
<tr><td>9</td><td>Sonstige Bohrungen in der Führungsplatte
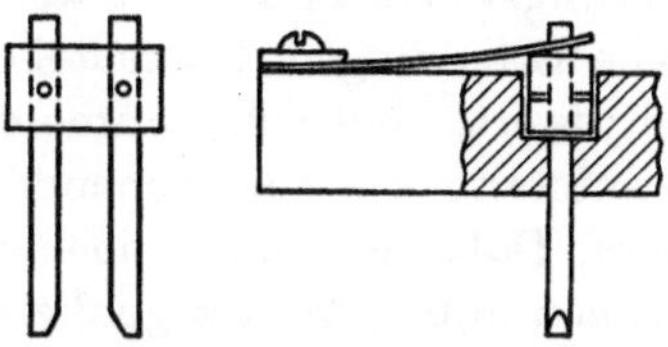</td><td></td><td>s. Tab. 51 bis 60</td></tr>
<tr><td>10</td><td>Streifenzentrierer zusammenbauen und montieren, einschließlich einpassen und Blattfeder befestigen</td><td>6</td><td>60</td></tr>
</table>

Lfd. Nr.	Arbeitsgänge	F	Einzelzeit in Minuten
11	Drucköler für Führungsbuchsen anbringen einschließlich bohren und Gewinde schneiden Zeit für 1 Druckschmierkopf: 5		20

Im Rahmen der Arbeiten, die in den Baugruppen „*Führung*" und „*Schnitt*" auszuführen sind, stellt sich der Aufwand für das Einpassen der Stempel besonders heraus. Das Fertigfeilen von Durchbrüchen erfordert ein hohes Maß an Handfertigkeit, setzt eine ausgedehnte Berufserfahrung voraus und füllt gleichzeitig einen breiten Raum der Zusammenbauzeit aus. Bei geteilten Durchbrüchen wird das Einpassen des Stempels in den Führungsdurchbruch gewöhnlich während des Formschleifens des Einsatzes vorgenommen. Handelt es sich dagegen um geschlossene, auf der Feilmaschine vorgearbeitete Durchbrüche, so bleibt die Einpaßarbeit als letzter Arbeitsvorgang dem Werkzeugmacher überlassen.

Die Ermittlung der Handfeilzeit bei größeren ebenen Flächen, wie sie bei groben Schlosserarbeiten häufig vorkommen, baut sich auf den Erfahrungssatz auf, daß die Feilzeit mit zunehmender Feilbreite zunächst sinkt, um beim Erreichen eines Breitengrenzwertes (4- bis 5fache Breite der benutzten Feile) wieder anzusteigen. Diese Erscheinung ist darauf zurückzuführen, daß mit zunehmender Feilbreite die Feilenführung sicherer wird. Ganz anders liegen die Verhältnisse beim Feilen gekrümmter Flächen, die außerdem engen Toleranzen unterliegen und einen zügigen Feilstrich nicht erlauben. Hier muß mit Rücksicht auf die gestellten Bedingungen besonders vorsichtig gefeilt werden, und die damit verknüpften Voraussetzungen erschweren die Ermittlung der Handfeilzeit ganz besonders. Im Gegensatz zum maschinellen Feilen, bei dem eine weitgehende Verwendung zeitlich abgrenzbarer Arbeitswerte möglich ist, hängt die Handfeilzeit in besonderem Maße von den wiederholten Einpaßvorgängen, also von wenig bestimmbaren Nebenzeiten ab. Für diese Vorgänge können nur Annäherungswerte eingesetzt werden, die zuvor durch ausreichende empirische Erhebungen festzustellen sind. Unter Benutzung dieser Durchschnittswerte und Übernahme der Zeitformel für das maschinelle Feilen entstand die nachstehende Formel für das Handfeilen von Durchbrüchen. Dabei ist immer noch eine Anzahl weniger wesentlicher Rechengrößen außer Ansatz geblieben.

$$t_e = \text{Umfang in cm} \times (t_{h\,\text{cm}^2} \times \text{Plattenstärken-Faktor}) +$$
$$+ (a \times 2) + [a \times (t_h \times \text{Plattenstärken-Faktor})] + t_n + t_v.$$

Dabei ist

$t_h\,\mathrm{cm^2}$ für Maschinenbaustahl . . . . 3,0 Minuten

für Chromnickelstahl. 4,2 Minuten

$a\ =\ $ Anzahl der Richtungsänderungen

$t_h\ \ $ für Maschinenbaustahl . . . . 2,0 Minuten

für Chromnickelstahl. 2,8 Minuten

Der Ausdruck $(a \times 2)$ setzt sich aus der Anzahl der Richtungsänderungen und dem spezifischen Zeitwert von 2,0 Minuten für das Einpassen des Stempels pro Richtungsänderung zusammen.

An Nebenzeiten entfallen auf einen Durchbruch:

 Für wiederholtes Einspannen des Werkstückes in den
  Schraubstock . . . . 3,0 Minuten

 für die Wahl von Feilen und Schaber. . . . . 1,0 Minuten

 für 2maliges Andrücken des Stempels zwecks Markierung
  der Feilkontur (hierzu Einspannen des Werkzeuges in den
  Balancier) . . . . 15,0 Minuten

Die Verteilzeit in der Gruppe „Werkzeugzusammenbau" unterliegt auch in anderen Betrieben kaum größeren Schwankungen, so daß generell 6% t_v als allgemeingültig angenommen und eingesetzt werden können.

Die nach der vorstehenden Formel erhaltenen Zeiten beziehen sich auf das Feilen von Führungsplattendurchbrüchen. Der Genauigkeitsgrad für das Feilen von Stempelplattendurchbrüchen steht natürlich im Vergleich zur Führungsplatte zurück. Ebenso ist der Zeitaufwand für das Feilen von Schnittplattendurchbrüchen, die in der Regel auf der Feilmaschine konisch nachgefeilt werden, niedriger. Der zeitliche Ausgleich hierfür wird durch Multiplizieren der Formelzeit mit 0,75 bei Schnittplatten und 0,50 bei Stempelplatten erreicht.

Die von einigen Werkzeugkalkulationen benutzten Zusatzfaktoren für den Genauigkeitsgrad der Feilarbeit in bezug auf den Luftspalt des Schnittplattendurchbruches, der seinerseits von der zu schneidenden Blechstärke abhängig ist, kann vernachlässigt werden. Die Berücksichtigung dieses Zusatzfaktors ergibt praktisch nur geringe Zeitveränderungen. Um die Zeitformel nicht zu komplizieren, werden für das Ausfeilen schmaler Schlitze gesonderte Zeitzuschläge gebildet, wie sie auch bei der maschinellen Feilarbeit verwendet wurden (s. Tab. 63).

Aus Gründen der Übersichtlichkeit und Einsparung von Kalkulationstabellen hätten Tab. 61 und 62 zusammen mit denen für das Aussägen und Maschinenfeilen als in sich geschlossene Zeittafeln erstellt werden können. Mit Rücksicht auf die anzustrebende Arbeitsteilung in der Vorkalkulation wurde jedoch von einer Verschmelzung dieser Tafeln abgesehen.

Tabelle 61. t_e-Zeiten für das Handfeilen von Durchbrüchen

Feil-umfang in cm	Platten-stärke in cm	Zahl der Richtungsänderungen								
		4	6	8	10	12	14	16	18	20
2	1	45								
	2	52	Werkstoff: Maschinenbaustahl							
	3	62								
	4	71								
3	1	48	56	65	73	82				
	2	57	68	78	89	100				
	3	69	80	93	108	120				
	4	80	99	112	128	143				
4	1	51	59	68	76	85	93	102		
	2	61	72	83	93	104	114	125		
	3	74	87	100	113	127	140	153		
	4	88	104	120	138	151	170	185		
5	1	54	63	71	79	88	95	106	113	122
	2	67	77	88	98	109	120	130	141	152
	3	83	95	107	122	135	148	163	174	191
	4	97	113	130	146	162	179	195	210	227
6	1	57	66	74	83	91	99	108	117	125
	2	71	82	92	103	113	124	135	145	156
	3	87	101	113	127	140	154	166	179	193
	4	107	123	140	156	170	189	204	219	237
8	1	64	72	81	89	97	106	117	123	131
	2	81	91	102	112	123	133	144	155	165
	3	101	113	128	140	153	166	180	193	205
	4	124	140	157	173	189	205	223	236	253
10	1	70	78	87	95	104	112	121	129	138
	2	90	101	111	122	132	143	153	164	176
	3	114	127	140	154	166	180	193	205	219
	4	142	159	175	191	207	218	233	254	271
12	1	76	85	93	102	110	119	127	135	144
	2	100	110	121	131	142	153	163	174	186
	3	127	140	152	167	180	193	206	218	232
	4	159	175	192	208	224	241	257	271	288
14	1	86	95	103	111	120	128	138	145	154
	2	109	120	130	141	152	162	173	184	194
	3	141	154	167	180	193	206	220	232	246
	4	177	193	210	226	242	259	275	289	306
16	1	89	97	106	114	123	131	140	148	157
	2	119	129	140	150	161	172	182	193	203
	3	154	167	179	193	205	219	232	245	259
	4	206	223	238	254	270	287	303	318	335
18	1	95	104	112	120	129	138	146	155	163
	2	128	139	149	160	171	181	192	202	132
	3	169	181	194	208	221	234	248	260	274
	4	212	218	244	261	277	294	310	324	341
20	1	102	110	119	127	136	144	152	161	170
	2	138	148	159	169	180	191	201	212	222
	3	181	194	207	220	233	247	260	272	286
	4	231	247	264	280	296	313	329	343	360

Tabelle 62. *t_e-Zeiten für das Handfeilen von Durchbrüchen*

Feilumfang in cm	Plattenstärke in cm	Zahl der Richtungsänderungen								
		4	6	8	10	12	14	16	18	20
2	1	51								
	2	61		Werkstoff: Chromnickelstahl						
	3	73								
	4	88								
3	1	55	65	75	85	95				
	2	68	80	93	107	120				
	3	83	99	115	132	149				
	4	101	123	144	165	185				
4	1	60	70	80	90	100	110	120		
	2	75	88	102	116	127	138	155		
	3	91	107	124	132	159	175	191		
	4	112	143	156	177	197	219	242		
5	1	64	74	84	94	104	114	124	134	144
	2	82	94	108	121	133	145	160	174	186
	3	101	118	134	151	168	184	200	217	234
	4	126	148	169	191	212	233	256	277	298
6	1	69	79	89	100	109	130	130	140	150
	2	88	102	114	127	140	150	167	180	193
	3	110	126	143	160	177	193	210	227	244
	4	138	160	181	203	223	244	267	288	309
8	1	76	86	96	107	117	127	137	147	157
	2	101	114	128	141	154	165	181	193	207
	3	129	145	162	180	196	212	229	246	263
	4	164	186	207	227	248	269	293	314	335
10	1	86	96	106	116	126	137	147	157	167
	2	114	127	141	154	166	178	194	207	219
	3	147	163	180	197	214	230	247	264	281
	4	188	210	231	252	272	293	317	338	359
12	1	94	105	114	125	134	145	155	165	175
	2	128	141	155	168	180	191	208	221	233
	3	166	184	200	217	233	250	267	284	301
	4	213	234	256	277	297	318	341	363	384
14	1	104	114	124	134	144	154	165	175	185
	2	141	154	166	180	193	206	220	233	246
	3	183	200	217	234	250	267	284	301	318
	4	238	260	281	302	323	344	367	388	409
16	1	113	123	133	314	153	163	173	183	193
	2	154	166	179	193	206	218	233	248	259
	3	203	219	237	253	269	286	298	320	337
	4	264	285	306	327	349	369	392	413	435
18	1	122	132	142	152	162	172	182	192	203
	2	169	181	194	208	221	233	248	261	274
	3	219	236	243	270	286	303	318	337	354
	4	287	308	330	351	372	392	415	437	458
20	1	130	141	150	161	171	181	192	201	212
	2	181	194	206	220	233	246	261	274	286
	3	238	256	272	289	306	322	339	356	373
	4	312	333	353	375	396	416	440	461	483

Tabelle 63. *Zeitzuschläge in Minuten/cm Arbeitslänge für das Handfeilen von schmalen Schlitzen*

Schlitzbreite in mm	Maschinenbaustahl		Chromnickelstahl	
	2	3	2	3
Plattenstärke in mm				
10	2,8	2,1	4,2	2,8
20	4,3	3,2	6,4	4,3
30	6,0	4,5	9,0	6,0
40	8,0	6,0	12,0	8,0

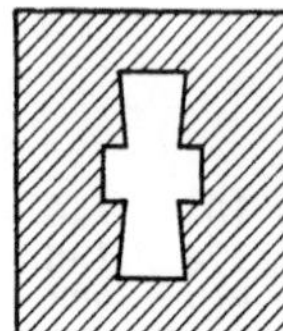

Abb. 38

Beispiel für das Ausfeilen eines Durchbruches nach Abb. 38.

Werkstück:	Schnittplatteneinsatz
Werkstoff:	Chromstahl
Plattenstärke:	20 mm
Zahl der Richtungsänderungen:	12
Gesamtfeillänge:	60 mm

$$t_e = 6 \times (4{,}2 \times 1{,}5) + (12 \times 2) + [12 \times (2{,}8 \times 1{,}5)] + 20 + 6\%$$

$$= \quad 37{,}8 \quad\quad + 24 \quad + \quad\quad 50{,}4 \quad + 20 + 6\%$$

$$= \quad\quad 132{,}2$$

$$+ 6\% \; t_v \quad\quad \underline{7{,}9}$$

$$140{,}1$$

$\times$ Schnittplattenfaktor $\quad\quad \underline{0{,}75}$

$$\underline{\underline{105{,}0 \text{ Minuten}}}$$

Baugruppe Schnitt

Lfd. Nr.	Arbeitsgänge	F	Einzelzeit in Minuten			
1	Rahmen für die Aufnahme von Schnitteinsätzen (Segmente) auf Schnittplatte aufschrauben und verstiften einschließlich bohren, Gewinde schneiden und Stiftlöcher reiben	6	Anz.d.Schrauben		Anz. d. Stifte	

Anz.d.Schrauben 4: 85, 6: 115   Anz. d. Stifte 2: 20, 4: 40

Lfd. Nr.	Arbeitsgänge	F	Einzelzeit in Minuten

2 — Geteilte Klammer für die Aufnahme von Schnitteinsätzen auf Schnittplatte aufschrauben und verstiften einschließlich bohren, Gewinde schneiden und reiben   F = 6

Anz.d.Schrauben		Anz. d. Stifte	
4	6	4	6
95	125	40	60

3 — Schnitteinsätze befestigen: In Klammer oder Schnittplatte justieren und verschrauben einschließlich bohren, Gewinde schneiden und Stiftlöcher reiben   F = 6

Anzahl der Schrauben

2	4	8	12	16	20
45	75	140	200	265	330

Anzahl der Stifte   F = 6

2	4	6	8	10
20	40	60	80	100

4 — Stempel in Schnittplatte oder Schnitteinsatz einpassen   F = 6

Zeiten s. Tab. 62

5 — Schnitteinsätze abschrauben, zum Härten bringen und saubermachen   F = 5

Anzahl der Einsätze

2	4	6	8	10	12
15	20	20	25	30	35

6 — Schnittplatte (ohne Einsätze) zum Härten bringen und saubermachen   F = 5

Größe der Schnittplatte

40/60	80/120	150/200
15	20	25

6a — Schnittplatte (ohne Einsätze) scharf schleifen   F = 3

Breite der Platte in mm

50	100	150	200
(15)	(20)	(20)	(25)

7 — Schnitteinsätze nach dem Härten wieder zusammensetzen und befestigen   F = 6

Anzahl der Einsätze

2	4	6	8	10	12
10	15	20	20	25	30

8 — Stempel scharf schleifen lassen; hierfür Stempelplatte und Führungsplatte zusammensetzen   F = 5

Größe der Führungsplatte in mm

40/60	80/120	150/200
20	25	35

9 — Oberseite der Zapfenplatte überschleifen und Stempel scharf schleifen   F = 3

(20)	(40)	(90)

Lfd. Nr.	Arbeitsgänge	F	Einzelzeit in Minuten

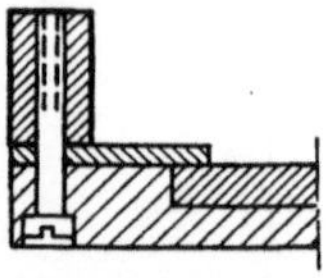

10 — Aufschlagunterteile auf Schnittplatte aufschrauben einschließlich bohren und Gewinde schneiden — F = 5

Runde Form		Eckige Form	
1 Stck.	2 Stck.	1 Stck.	2 Stck.
35	50	50	85

11 — Gehärtete Streifenführungseinsätze in Führungsleisten einpassen und einpressen; je Stück — F = 6

20

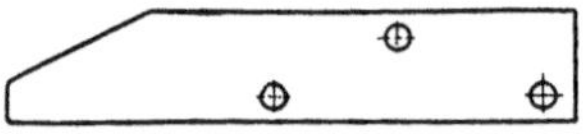

12 — Führungsleisten auf Schnittplatte aufschrauben einschl. bohren und Gewinde in Leisten schneiden (Zeit fällt nur bei Werkzeug mit säulengeführter Führungsplatte an) — F = 5

Anzahl der Schrauben

2	4	6	8
50	85	115	150

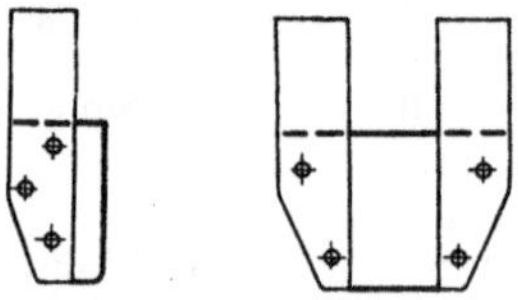

13 — Auflageblech an Führungsleisten anpassen und anschrauben einschließlich bohren und Gewinde schneiden — F = 5

einseitig	durchgehend	doppelseitig
50	60	90

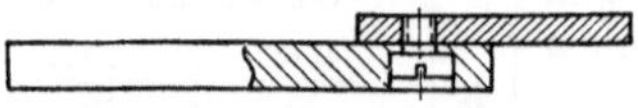

14 — Abstreifbleche auf Führungsleisten anbringen einschließlich einpassen und verschrauben — F = 5

Anzahl der Schrauben

2	4	6
40	65	85

15 — Anschlag anbringen; komplett, einschließlich einpassen und befestigen — F = 5, 6

Art des Anschlages:

Stift od. Haken	Form-Anschl.	Universal-Anschlag.
30	50	—
—	—	100

16 — Schnittkästen nach Abb. 39 komplett zusammenbauen einschließlich bohren und senken, Gewinde schneiden und Stiftlöcher reiben — F = 5

Schnittplattengröße in mm

40/60 u. 60/80	80/120	100/150

Anz. d. Schrauben/Stifte

4/2	4/4	6/4
110	135	165

Lfd. Nr.	Arbeitsgänge	F	Einzelzeit in Minuten
17	Sonstige zusätzlichen Bohrungen in der Schnittplatte		s. Tab. 51 bis 60

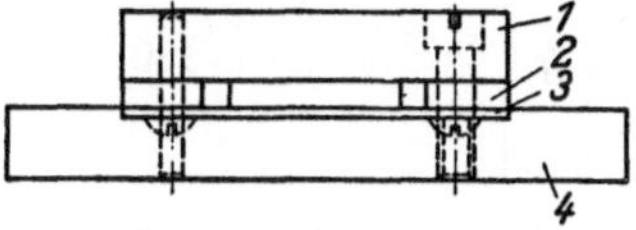

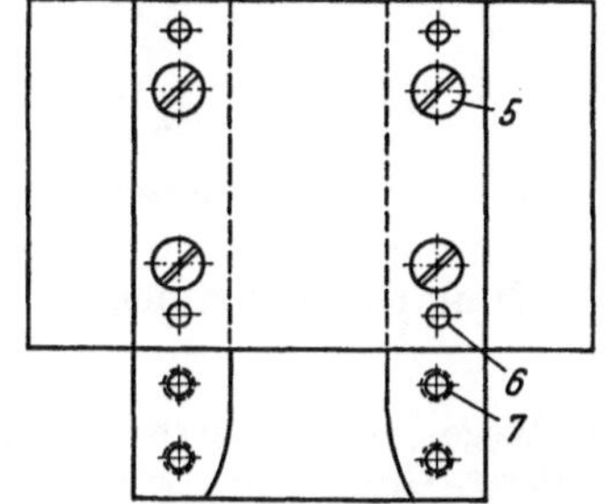

Abb. 39. Schnittkasten.

1 Führungsplatte;   *2* Zwischenlage;
3 Auflageblech;   *4* Schnittplatte;
5 Zylinderschraube;   *6* Zylinderstift;
7 Halbrundschraube

Baugruppe Unterteil

Lfd. Nr.	Arbeitsgänge	F	Einzelzeit in Minuten
1	Schnittkasten bzw. Schnittplatte mit Grundplatte oder Säulenunterteil verschrauben; einschließlich bohren und Gewinde schneiden	6	Anzahl der Schrauben 4 — 6 — 8 100 — 135 — 170
2	Mehrzeit für das Zusammenspannen geteilter Matrizen	6	Anzahl der Segmente 2 — 3 — 4 10 — 15 — 20
3	Führungssäulen in Unterteil einpressen einschließlich Werkzeugoberteil einpassen	6	Anzahl der Säulen 2 — 4 40 — 60
4	Durchbrüche in Grundplatte oder Unterteil anreißen (Mittelwert) Hierfür Schnittkasten oder Schnittplatte mit Grundplatte verschrauben und wieder lösen	5 5	20 20
5	Durchbrüche für Feilmaschine vorbohren	5	Anz. der Bohrungen Zeitwerte n. Tab. 53 (Tischbohrmasch.)
6	Durchbrüche in Grundplatte sägen und maschinell feilen	4 4	Zeit nach Tab. 15 Zeit nach Tab. 19 × Faktor 0,3
7	Werkzeug beschriften (mittels Schlagzahlen) Mittelwert	4	30

Baugruppe **Sondereinbauten**

Lfd. Nr.	Arbeitsgänge	F	Einzelzeit in Minuten
1	Elektrische Sicherung zusammenbauen, anbauen, ausprobieren komplett, jedoch ohne Verkabelung	7	180
2	Elektrische Heizung nach Zeichnung komplett einbauen, jedoch ohne Verkabelung	7	(Sonderzeiten)
3	Preßluftanschluß; Bohrung bis zum Luftkanal, einschließlich Gewinde schneiden. Je Stutzen	5	25
4	Zusätzliche Luftkanäle bohren	5	(Sonderzeiten)

Klassifizierung der Werkzeuge zur Bildung des Mehrzeitzuschlages, der größen- bzw. gewichtsbedingt ist:

Gruppe I   = Einfache, ungeführte Locher, Biege- und Planierwerkzeuge,
Gruppe II   = Alle übrigen Werkzeuge mittlerer Größe oder Säulenabstand zwischen 150 und 200 mm,
Gruppe III   = Alle übrigen Werkzeuge mit großem Eigengewicht oder Säulenabstand zwischen 210 und 300 mm,
Gruppe IV   = Komplizierteste Verbundwerkzeuge mit Säulenabstand zwischen 310 und 400 mm oder 4-Säulenführung.

Die Höhe des Zeitzuschlages beträgt:

Für die Gruppe I   = 0% zur Gesamtzeit für den Werkzeugzusammenbau,
für die Gruppe II   = 15% zur Gesamtzeit für den Werkzeugzusammenbau,
für die Gruppe III   = 20% zur Gesamtzeit für den Werkzeugzusammenbau,
für die Gruppe IV   = 25% zur Gesamtzeit für den Werkzeugzusammenbau.

An einigen Beispielen soll die Zusammensetzung der Zeiten in den Baugruppentabellen näher erläutert werden.

Beispiel 1. Betr. Lfd. Nr. 3b Baugruppe Führung
4 Führungseinsätze mittels 8 Schrauben und
4 Stiften mit der Führungsplatte verschrauben.
Die Gesamtzeit setzt sich zusammen aus:
Einsätze in Klammer einsetzen und mit Führungsplatte zusammenspannen .... 12 Min.
8 Löcher 4 mm $\varnothing$, 28 mm lang, bohren und Gewinde schneiden nach Tab. 58 = 8 × 14 Min. .... 112 Min.
8 Einsätze verschrauben; je Schraube 2 Min. .... 16 Min.
                                                              140 Min.
4 Stiftlöcher 3 mm $\varnothing$, 28 mm lang, bohren und reiben nach Tab. 60
= 4 × 9 Min. .... 36 Min.
4 Stifte einschlagen .... 2 Min.
                                                               38 Min.
Gesamtminuten (aufgerundet) 180 Min.

Beispiel 2. Betr. Lfd. Nr. 5 Baugruppe Führung

2 rechteckige Aufschlagkopfstücke unterhalb der Führungsplatte aufschrauben. Die Gesamtzeit setzt sich zusammen aus:

Kopfstücke mit Führungsplatte zum Bohren zusammenspannen . .	10 Min.
4 Bohrungen 4 mm $\varnothing$, 28 mm lang, bohren und Gewinde schneiden nach Tab. 58 = 4 × 14 Min.	56 Min.
4 Schrauben einziehen	8 Min.
Gesamtminuten (aufgerundet)	75 Min.

Beispiel 3. Betr. Lfd. Nr. 16 Baugruppe Schnitt

1 Schnittkasten der Größe 40/60 mm komplett verschrauben und verstiften. In der Regel werden Schnittkästen dieser Größe mit 4 Schrauben und 2 Stiften verbunden. Die Gesamtzeit von 110 Min. setzt sich zusammen aus:

Sämtliche Platten zum Bohren zusammenspannen	15 Min.
4 Löcher 8 mm $\varnothing$, 50 mm lang, bohren und Gewinde schneiden, gemäß Tab. 58 = 4 × 14,5 Min.	58 Min.
2 Stiftlöcher 6 mm $\varnothing$, bohren und reiben, gemäß Tab. 60 = 2 × 13 Min.	26 Min.
Schnittkasten verschrauben und Stifte einschlagen	10 Min.
Gesamtzeit (aufgerundet)	110 Min.

Die vorstehenden Baugruppentabellen stellen kein lückenloses Verzeichnis für die Zusammenbauarbeiten aller nur erdenklichen Werkzeugarten dar. Es wäre auch nicht sinnvoll, eine möglichst allen

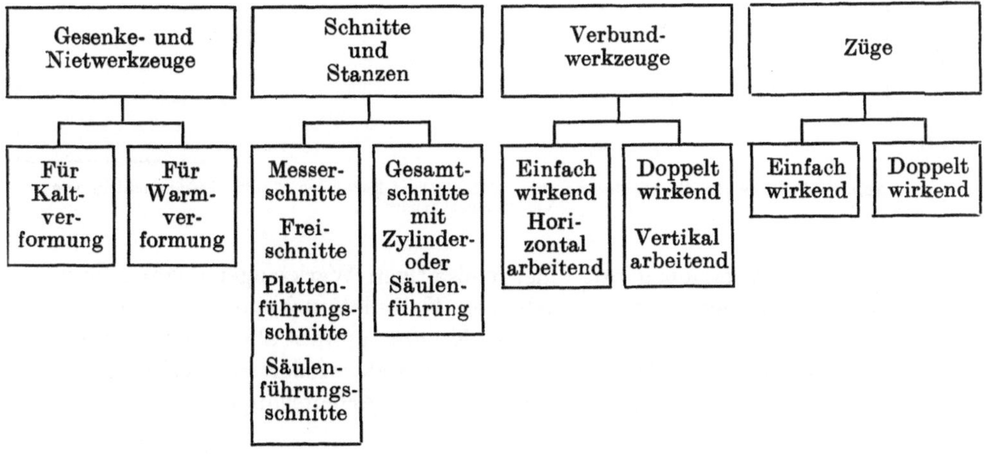

Abb. 40. Werkzeuggattungen

Werkzeugvariationen Rechnung tragende Sammlung von Arbeitsvorgängen in einen einzigen Katalog aufzunehmen und diesen umfangmäßig zu einer Art „Handbuch der Werkzeugkalkulation" auszubauen.

Eine derart umfassende Sammlung würde in der Handhabung zu umständlich sein und in ihrem Aufbau undurchsichtig werden. Vielmehr soll die Zielsetzung bei der Aufstellung von Baugruppentabellen in der systematischen Ordnung von Arbeitsgängen für eine bestimmte Werkzeug*gattung*, analog dem Arbeitsablauf in der Werkstatt, liegen.

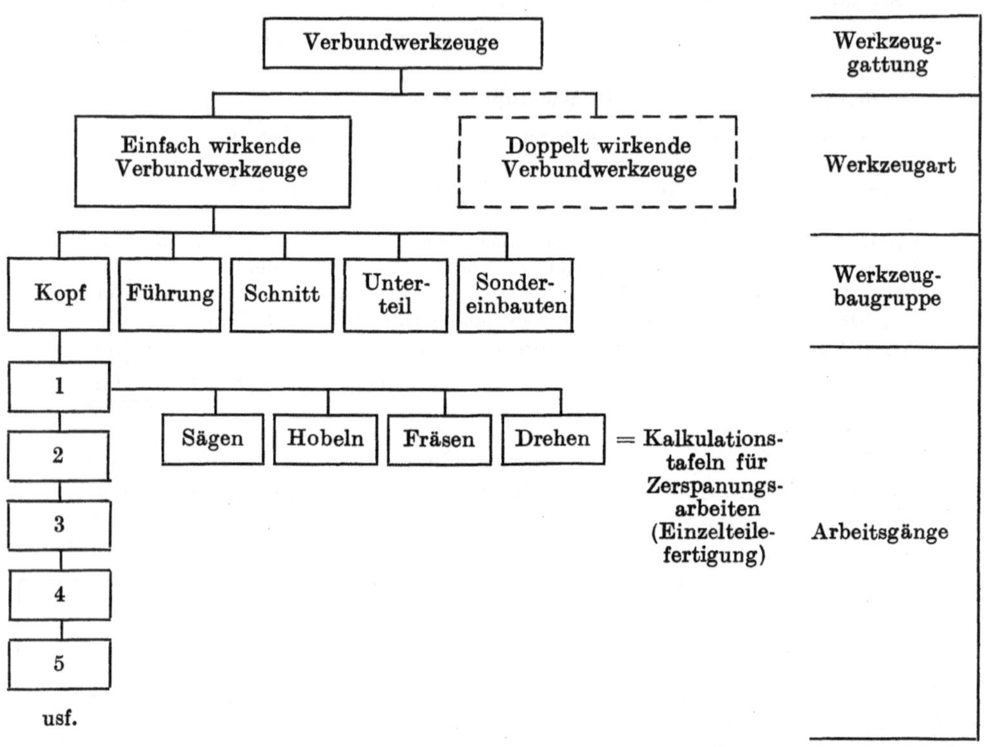

Abb. 41. Beispiel für die Gliederung eines Kalkulations-Kataloges für den Zusammenbau von Verbundwerkzeugen

In Großbetrieben mit einer vielseitigen Werkzeugerzeugung empfiehlt sich der Aufbau mehrerer Kalkulationskataloge nach dem Schema von Abb. 40 und 41. Jeder Katalog umfaßt also eine bestimmte Werkzeuggattung. Der Inhalt gliedert sich wieder in Werkzeugbaugruppen und diese in gruppengebundene Arbeitsgänge.

4. Richtzeitbildung für die Reparatur von Werkzeugen

Der Aufbau der Kalkulationsunterlagen für die Werkzeugreparatur läßt sich nach den gleichen Gesichtspunkten vornehmen wie der für den Werkzeugzusammenbau: Die Baugruppe bildet auch hier die

Grundlage für die Aufteilung der einzelnen Arbeitsgänge. Der Vorteil dieses einheitlichen Aufbaues gewährt eine übersichtliche Gliederung der Reparaturzeiten und eine in die Einzelheiten gehende Ermittlung des Zeitbedarfs für jeden Reparaturvorgang bzw. für jedes auszuwechselnde Werkzeugteil. In der Regel werden sich die Reparaturen nur auf eine Baugruppe beschränken, weil der größte Anteil auf das Konto der Stempel und der Schnittplatte entfällt.

Mit der Ausdehnung des Reparaturumfanges geht auch der Aufwand für das Zerlegen des Werkzeuges einher. Fast immer wird aber ein Freilegen der Baugruppe ,,*Schnitt*'' erforderlich sein, und da sich während des Zerlegens häufig zusätzliche Mängel herausstellen, sollte man das völlige Zerlegen des Werkzeuges (außer der Baugruppe Kopf) anläßlich seiner Reparatur zum Grundsatz machen.

Im Gegensatz zum Werkzeugzusammenbau, dessen Vorgabezeiten sich hauptsächlich aus den eigentlichen Fügearbeiten zusammensetzen, zerfällt die Vorgabezeit für die Werkzeugreparatur in

1. das Zerlegen der Baugruppen,
2. die Instandsetzung der beschädigten oder abgenutzten Teile,
3. die Neuherstellung von Ersatzteilen,
4. das Zusammensetzen der Baugruppen,

und schließlich noch in das Ausprobieren des Werkzeuges. Für den letzten Vorgang würden die Vorgabewerte, wie sie für das neue Werkzeug vorgesehen sind, zu hoch sein. Und da der Zeitbedarf für das Ausprobieren von Reparaturwerkzeugen ausschließlich von der Art und dem Umfang der Reparatur abhängig ist, lassen sich für diesen Arbeitsvorgang begreiflicherweise keinerlei Zeitwerte erstellen. Zweckmäßigerweise gibt man hierfür überhaupt keine Zeit vor, sondern überläßt die Überwachung des Probiervorganges dem Betriebskalkulator oder Meister.

Die Aufteilung der Arbeitsgänge innerhalb der Baugruppentabellen ist den Reparaturvorkommen der Werkzeuggattung anzupassen und soll möglichst in der Reihenfolge vorgenommen werden, die dem Arbeitsablauf in der Werkstatt entspricht.

Vorbemerkung zu den Baugruppentabellen für die Werkzeugreparatur:

Die in ( ) befindlichen Zeiten sind für Maschinenarbeiten bestimmt; alle übrigen Zeiten gelten für den Werkzeugmacher.

Der Aufwand für das Zerlegen der Baugruppen oder des gesamten Werkzeuges ist in diesen Zeitwerten, die lediglich den Reparaturvorgang als solchen erfassen, nicht enthalten, sondern gesondert herausgestellt.

Zu den ermittelten Reparaturzeiten kommen zum Schluß noch die prozentualen Gewichtszuschläge der Werkzeuggruppen I bis IV hinzu (vgl. Klassifizierung der Werkzeuge auf S. 88).

Reparatur-Baugruppe **Kopf**

Lfd. Nr.	Bauteil	Reparaturarbeit	F	Einzelzeit in Minuten
1	*Zapfen*			
	vernietet	auswechseln	4	25
		Nietseite überdrehen	3	(10)
	eingeschraubt	auswechseln	4	15
		anfertigen	—	s. Tab. 31
2	*Druckplatte*	auswechseln einschl. einpassen	5	*Form der Druckplatte*

				rund	oval	recht-eckig	zwei-teilig
2		auswechseln einschl. einpassen	5	15	20	25	45

		anfertigen:		*Größe der Druckplatte mm*			
				60/80	80/100	100/160	150/250
		aussägen	2	12	15	20	28
		hobeln	4	15	(17)	(20)	(26)
		härten	5	10	10	10	10
		flach schleifen	3	17	(20)	(25)	(40)

Lfd. Nr.	Bauteil	Reparaturarbeit	F	Einzelzeit in Minuten
3	*Stempelplatte*	auswechseln; je Platte	4	10
		anfertigen:	—	s. Tab. 10, 15, 19, 45, 49
4	*Zwangsauswerfer*	nacharbeiten und gängig machen	5	25
		anfertigen:		
		drehen	4	(25)
		härten	5	10
		rund schleifen	5	(20)
		in Werkzeug einpassen	5	15
5	*Distanzhülse* für Federpakete	1 Satz auswechseln	4	15
		nachschleifen (je Werkzeug 1 Satz sammen schleifen)	4	(10)

				Anzahl der Federpakete			
				2	4	6	8
6	*Federpakete*	auswechseln einschl. ausprobieren 2 Federpakete mit Tellerfedern zusammensetzen und verschrauben	6	40	55	75	100
		...und verschrauben	4	20			
		rund schleifen	5	(30)	(60)	(90)	(120)

				Anzahl der Druckfedern				
				2	4	6	8	10
7	*Druckfedern*	auswechseln und ausprobieren	6	70	90	110	140	165

		anfertigen (winden)		Mittelwert für 2—6 Federn Drahtstärke: 1,5 — 2,5 mm
			4	25

Lfd. Nr.	Bauteil	Reparaturarbeit	F	Einzelzeit in Minuten				
7	*Druckfeder*	Federnden fertigmachen		**Anzahl der Federn**				
				2	4	6	8	10
			4	5	8	12	15	18
8	*Führungsbuchse* in Zapfenplatte	auswechseln; je Buchse	5	20				
		anfertigen:	—	s. Tab. 27				
		gängig machen; je Buchse	5	20				
9	*Sucherstift* oder *Lochernadel*	nachpolieren; je Stift	5	15				
		anfertigen:						
		drehen	4	(10)				
		härten	5	10				
		rund schleifen	5	(10)				
		Kopf stauchen und einpassen	5	10				
10	*Div. Bohrungen*	—	—	s. Tab. 51 bis 60				
11	Baugruppe *Kopf*	1 × zerlegen und wieder verschrauben und verstiften (Zapfen-, Druck- und Stempelplatte)		**Anzahl der Schrauben und Stifte**				
				4/2		6/4		8/4
			5	25		30		—
			6	—		—		40

Reparatur-Baugruppe **Führung**

Lfd. Nr.	Bauteil	Reparaturarbeit	F	Einzelzeit in Minuten					
1	*Führungseinsätze*	auswechseln		**Anzahl der Schrauben**					
				2	4	8	12	16	20
			6	50	80	145	210	275	335
				Anzahl der Stifte					
				2	4	6	8	10	
			6	20	40	60	80	100	
		anfertigen:	—	s. Tab. 15, 19, 48					
2	*Führungsbuchsen*	auswechseln; je Buchse	5	20					
		anfertigen:	—	s. Tab. 26, 27					
		gängig machen; je Buchse	5	20					
3	*Druckschmierkopf*	auswechseln; 1 Stück	4	10					
		neu einsetzen einschl. bohren und Gewinde schneiden	5	20					

Lfd. Nr.	Bauteil	Reparaturarbeit	F	Einzelzeit in Minuten			
4	*Aufschlagkopfstücke*	abschrauben und nach dem Überschleifen anschrauben	5	**Runde Form**		**Eckige Form**	
				1 Stck.	2 Stck.	1 Stck.	2 Stck.
				10	15	15	20
		flach schleifen	3	(10)	(10)	(10)	(10)
5	*Streifenzentrierer*	Blattfeder anfertigen und auswechseln	5	30			
		Zentrierstifte anfertigen:					
		2 Stück drehen	4	(40)			
		fertigmachen, in Zentrierer einbauen und in Werkzeug einsetzen	5	30			
6	*Ersatzstempel*	einpassen in vorhandenen Führungsplattendurchbruch	6	Stempelumfang in mm			
7	*Div. Bohrungen*	in Führungsplatte	—	s. Tab. 51 — 60			

Für Bauteil 6, Stempelumfang in mm:

rd.	20	40	60	80	100
10	25	35	40	50	60

Reparatur-Baugruppe Schnitt

Lfd. Nr.	Bauteil	Reparaturarbeit	F	Einzelzeit in Minuten
1	*Schnitteinsätze*	auswechseln (einschl. abbohren, Gewinde schneiden, härten lassen, sauber-machen und ver-schrauben	6 / 6	**Anzahl der Schrauben**
		anfertigen:		
		sägen	—	s. Tab. 44, 47
		hobeln	—	s. Tab. 49
		Durchbrüche		s. Tab. 16, 20
		flach schleifen		s. Tab. 48
2	*Ersatzstempel*	einpassen in vorhandenen Schnittplattendurchbruch	6	**Stempelumfang in mm**
3	*Ersatzstempel und Seitenschneider*	scharf schleifen lassen (hierzu Stempel- und Führungsplatte zusammensetzen	5	**Größe der Führungsplatte**
		scharf schleifen	4	(15) | (20) | (35)
		anfertigen:	—	s. Tab. 11

Für Bauteil 1, Anzahl der Schrauben:

2	4	8	12	10	20
65	95	160	220	2₅5	350

Anzahl der Stifte:

2	4	6	8	10
20	40	60	80	100

Für Bauteil 2, Stempelumfang in mm:

rd.	20	40	60	80	100
10	25	35	40	50	60

Für Bauteil 3, Größe der Führungsplatte:

40/60	80/120	150/200
20	25	35

Lfd. Nr.	Bauteil	Reparaturarbeit	F	Einzelzeit in Minuten
		Kopf stauchen und in Stempelplatte ein- nieten	5	**Stempelumfang in mm** rd. | 20 | 40 | 60 | 80 | 100 10 | 15 | 20 | 25 | 30 | 35
4	*Schnittplatte*	scharf schleifen	4	**Breite der Platte in mm** 50 | 100 | 150 | 200 15 | 20 | 20 | 25
5	*Biegestempel*	nachpolieren	5 / 6	**Form des Stempels** einfach | schwierig | kompliziert 20 | 30 | — — | — | 45
6	*Ziehring*	verrunden, nach- polieren	4	**Durchmesser des Ringes** 10 | 20 | 40 | 60 (10) | (10) | (10) | (10)
7	*Schnittkasten*	1 × zerlegen und wie- der zusammen- bauen	4	**Anz. des Schrauben u. Stifte** 4/2 | 8/2 | 12/4 20 | 30 | 40
8	*Streifenführungs- einsätze*	in Führungsleisten auswechseln; je Stück	5	25
9	*Aufschlagunterteil*	abschrauben und nach dem Überschleifen anschrauben	4	**runde Form** | **eckige Form** 1 Stck. | 2 Stck. | 1 Stck. | 2 Stck. 10 | 15 | 15 | 20
		flach schleifen	3	(10) | (10) | (10) | (10)
10	*Streifenführungs- leiste*	auswechseln; einschl. abbohren und Ge- winde schneiden	5	**Anzahl der Schrauben** 2 | 4 | 6 | 8 35 | 60 | 100 | 135
11	*Auflageblech*	auswechseln	5	einseitig | durch- gehend | doppelt 45 | 55 | 80
		anfertigen	4	25 | 35 | 45
12	*Div. Bohrungen*	in Schnittplatte	—	s. Tab. 51 bis 60

Reparatur-Baugruppe Unterteil

Lfd. Nr.	Bauteil	Reparaturarbeit	F	Einzelzeit in Minuten
1	*Führungssäulen*	auswechseln	7	**Anzahl der Säulen** 2 | 4 50 | 70
2	*Federboden*	abschleifen lassen und nachsetzen	5	30
		flach schleifen	3	(15)
3	*Federbodenbolzen*	auswechseln	5	30
4	Baugruppe Unterteil	1 × zerlegen und wie- der zusammenbauen	5 / 6	**Anz. der Schrauben u. Stifte** 4/2 | 6/4 | 8/4 | 12/4 35 | 40 | — | — — | — | 50 | 60

Reparatur-Baugruppe Sondereinbauten

Lfd. Nr.	Bauteil	Reparatur-Arbeit	F	Einzelzeit in Minuten			
1	*Schutzkorb*	anfertigen und anschrauben		für Werkzeuggruppe:			
				I	II	III	IV
			4	30	45	60	75
2	*Elektrische Sicherung*	Kontakte nachstellen, reinigen, Funktionsprüfung machen	7	45			

Komplettes Werkzeug 1 × zerlegen und wieder zusammenbauen (Mittelwerte für Überschlagskalkulation) ohne Abschrauben der Einzelteile. Der Gewichtszuschlag ist in den nebenstehenden Zeiten bereits enthalten.		Werkzeuggruppe			
		I	II	III	IV
	5	90	130	—	—
	6	—	—	180	—
	7	—	—	—	240

5. Richtzeitbildung für das Ausprobieren von Werkzeugen

Nach erfolgter zeichnungsgemäßer Zusammenstellung eines Werkzeuges verbleiben immer noch einige mehr oder weniger schwierige Nacharbeiten, die sich aus der Funktion des Werkzeuges ergeben. Von der Zahl der Arbeitsoperationen eines Werkzeuges und ihrer Wertigkeit hängt in der Regel auch der Aufwand für das Ausprobieren des Werkzeuges ab. Bei Biege- und Ziehoperationen kommt noch das Verhalten des Werkstoffes hinzu, dessen unterschiedliche Federeigenschaften oft ein Nacharbeiten der Biegestempel erforderlich macht. Von beiden Größen, nämlich der Anzahl der Operationen und ihrer Wertigkeit, läßt sich annäherungsweise der Zeitbedarf für das Ausprobieren des Werkzeuges herleiten.

Die Einstufung des in Tab. 64 wiedergegebenen Zeitbedarfes erfolgte an Hand von Beobachtungsergebnissen, wobei der Zeitbedarf für einen einfachen Planiervorgang als niedrigster und ein Biege- bzw. Ziehvorgang als höchster Wert ermittelt wurden.

Allerdings zeigten die Beobachtungen bemerkenswerte Zeitschwankungen, die in den meisten Fällen werkzeugbedingt und nur zu einem geringen Prozentsatz auf den Zustand des Werkstoffes zurückzuführen waren.

Die Tatsache, daß selbst bei zwei völlig gleichen Werkzeugen der Zeitbedarf für das Ausprobieren und Korrigieren bis zur Einsatzreife einmal höher und das andere Mal wesentlich niedriger liegen kann, bestätigt die natürliche Vorstellung von den differenzierten Ergebnissen der handwerksmäßigen Tätigkeit. Mit dem überwiegenden Prozentsatz ,,nicht akkordfähiger" Arbeitsgänge stellt sich diese Arbeitsgruppe außerhalb der zeitlich erfaßbaren Verrichtungen. Für das Ausprobieren kann also nur eine annähernde Richtzeit nach den empirischen Feststellungen vorgegeben werden. — Da aber dem Werkzeugmacher eine Zeitnachforderung über die Richtzeit hinaus nur zugestanden wird, wenn sich eindeutig Konstruktionsmängel oder Werkstoffeinflüsse nachweisen lassen, so wird er bestrebt sein, bereits während der Zusammenbauarbeit vermutbare Störanfälligkeiten zu beseitigen und damit die Eventuellitäten zu vermindern, die sich sonst erst während des Ausprobierens herausstellen.

Beispiele: Ausprobieren eines einfachen Planierwerkzeuges der Werkzeuggruppe I, Lohngruppenfaktor: M 5.

Zeit nach Tab. 64 für 1 Planieroperation: <u>40 Minuten.</u>

Ausprobieren eines Werkzeuges der Werkzeuggruppe III mit 2 runden Lochstempeln und 1 Formschnittstempel.

Lohngruppenfaktor: M 6.

Zeit nach Tab. 64 = 110 Min. + 120 Min. = <u>230 Minuten.</u>

Ausprobieren eines Verbundwerkzeuges der Werkzeuggruppe III mit

3 runden Lochstempeln . . . . 135 Min.

4 Formschnittstempeln . . . . 210 Min.

1 Biegestempel mittlerer Schwierigkeit . . . . 90 Min.

435 Min.

Tabelle 64. *Zeitrichtwerte für das Ausprobieren von Werkzeugen einschl. Nacharbeiten*

Art der Arbeitsoperation	Anzahl der Operationen									
	1	2	3	4	6	8	10	12	14	16
Werkzeuggruppe I, M 5										
planieren	40	—	—	—	—	—	—	—	—	—
lochen rund	60	100	—	—	—	—	—	—	—	—
formschneiden	80	120	—	—	—	—	—	—	—	—
biegen einfach	60	100	—	—	—	—	—	—	—	—
biegen mittel	80	120	—	—	—	—	—	—	—	—
Werkzeuggruppe II, M 5										
planieren	50	—	—	—	—	—	—	—	—	—
lochen rund	70	100	125	150	200	250	300	—	—	—
formschneiden	100	125	150	180	230	—	—	—	—	—
biegen einfach	70	110	—	—	—	—	—	—	—	—
biegen mittel	80	120	—	—	—	—	—	—	—	—
biegen schwierig	100	130	—	—	—	—	—	—	—	—
tiefziehen	130	—	—	—	—	—	—	—	—	—

Tabelle 64 (Fortsetzung)

Art der Arbeitsoperation	Anzahl der Operationen									
	1	2	3	4	6	8	10	12	14	16
Werkzeuggruppe III, M 6										
planieren	60	—	—	—	—	—	—	—	—	—
lochen rund	80	110	135	170	220	275	330	380	440	500
formschneiden	120	150	180	210	270	325	380	430	480	550
biegen einfach	80	110	135	—	—	—	—	—	—	—
biegen mittel	90	120	150	—	—	—	—	—	—	—
biegen schwierig . . .	120	150	180	—	—	—	—	—	—	—
tiefziehen	160	190	220	—	—	—	—	—	—	—
Werkzeuggruppe IV, M 7										
lochen rund	80	110	135	170	220	275	330	380	440	500
formschneiden	140	180	220	260	330	400	475	550	630	700
biegen einfach	80	110	135	170	—	—	—	—	—	—
biegen mittel	100	130	170	220	—	—	—	—	—	—
biegen schwierig . . .	140	180	220	260	—	—	—	—	—	—
tiefziehen	180	250	300	360	480	600	—	—	—	—

VI. Beispiele aus der Praxis der Zeitermittlung

In den vergangenen Abschnitten wurde auf die Möglichkeiten der Zeitermittlung für die Arbeitsgruppen

maschinelle Teilefertigung, Werkzeugzusammenbau, Werkzeugreparatur und Werkzeuge ausprobieren

hingewiesen. Zusammenfassend ergibt sich hieraus folgendes Arbeitsschema für den Werkzeugkalkulator:

I. Zeitermittlung für die maschinelle Teilefertigung.
Unterlagen: 1. Kalkulationstafeln für die Zerspanungsvorgänge (Tab. 1 bis 50). — 2. Loseblattsammlung (Tab. 26 bis 37).

II. Zeitermittlung für den Werkzeugzusammenbau.
Unterlagen: Kalkulationskatalog, geordnet nach Baugruppen und Ergänzungstabellen Nr. 51 bis 60.

III. Zeitermittlung für das Ausprobieren der Werkzeuge.
Unterlagen: Kalkulationstabelle Nr. 64 mit Richtwerten (bei Neuanfertigung). — 2. Überwachung des Probiervorganges durch Betriebskalkulator oder Meister (bei Werkzeugreparatur).

Mit diesen Unterlagen besitzt der Vorkalkulator ein Rüstzeug, das ihn bei sinnvoller und systematischer Anwendung desselben und bei genügender Übung in der Handhabung verhältnismäßig schnell zum Ziele führt.

An den folgenden Beispielen soll der praktische Kalkulationsablauf für einige Werkzeuge vor Augen geführt werden.

In dem ersten Beispiel befindet sich zum Zwecke des Vergleichs in
der Zeitstückliste unterhalb der einzelnen Diagonalen die Nummer der
Kalkulationtabelle, die für die Ermittlung der Vorgabezeit benutzt
wurde. Für den Zusammenbau wurde ein Zwischenblatt verwendet,
in welchem die dem Kalkulationskatalog entnommenen Einzelzeiten
eingetragen sind. Die Benutzung dieses Zwischenblattes ist empfehlenswert, weil der Vorkalkulator bei Unterbrechungen seiner Tätigkeit
sich nicht jedesmal in den Verlauf der Kalkulation hineindenken muß.
Das Ausfüllen der Spalte „Arbeitsgang" ist nur dann erforderlich,
wenn es sich um zusätzliche Arbeiten handelt, die noch nicht im Kalkulationskatalog aufgenommen sind.

Um zeitraubende Rückfragen der Werkstatt infolge Unklarheit über
den Umfang des Arbeitsganges vorzubeugen, empfiehlt sich der Aus-
hang eines oder mehrerer Exemplare des Kalkulationskatalogs in
der Werkstatt.

1. Beispiel: Anfertigung eines Säulenführungsgestelles mit federndem Niederhalter nach Abb. 42

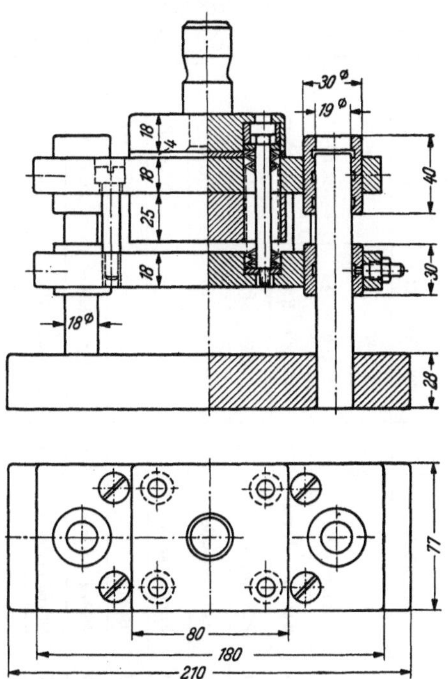

Abb. 42. Säulenführungsgestell mit federndem Niederhalter

Werkzeug-Benennung: Säulenführungs-Gestell mit federndem Niederhalter
Auftrag-Nr.: 2/14/278
Zeichnungs-Nr.: 70 - 863 - 5
Lfd. Nr.: 1070
Datum: 24. 10. 54   **Name:** Schulze

Lfd. Nr.	Einzelteil	Stück	Rohmaße	Werkstoff	Zuschneiden	Hobeln	Sägen (Band-)	Drehen	Fräsen	Feilen (Masch.)	rd. schleifen	fl. schleifen	prof. schleifen	Glühen/Härten	Lehrenbohren	Lehrenschleifen	Fertigstellen	Bohren	Zusammenbauen	Zusammenbauen	Zusammenbauen	Zusammenbauen	Ausprobieren
1	Zapfen	1	20 Ø × 60	St. 50-11	6/47			25/31															
2	Zapfenplatte	1	20 × 80 × 83	St. 50-11	12/46	25/49						17/45					5/—	10/57					
3	Druckplatte	1	5 × 80 × 83	Gußstahl		15/—	15/44					17/45	15/—				5/—						
4	Stempelplatte	1	20 × 80 × 183	St. 50-11	15/46	33/49						20/45			115/54		8/—						
5	Zylinderschraube	4	M 8 × 50 Ribe	Lager Norm																			
6	Führungsbuchse	2	35 Ø × 50	St. C 16-61	8/47			80/26			55/26			20/—									
7	Aufschlagstück	1	20 × 80 × 83	St. 00-12	12/46	25/49						17/45					5/—						
8	Führungsplatte	1	20 × 80 × 183	St. 50-11	15/46	33/49						20/45					30/58						
9	Buchse	2	35 Ø × 40	St. C 16-61	8/47			50/26			48/26			20/—									
10	Führungssäule	2	20 Ø × 150	St. C 16-61	8/47			33/30			46/30			20/—									
11	Grundplatte	1	30 × 80 × 213	St. 50-11	15/46	35/49						20/45			80/54		8/—						
12	Federelement	4	10 Ø × 60	Lager	15/47			120/—	25/—		20/39	30/45		20/—			entgraten						
13	Druckschmierkopf	4	6 × 0,75 DIN 3402	Lager Norm																			
14	Zylinderschraube	4	M 8 × 50 Ribe	Lager Norm																			
Gesamtminuten					114	166	15	308	25		169	141		95	195		31	10	10	15	310	80	
Lohnfaktor					2	4	3	4	4		5	4		5	6		5	3	3	4	5	6	
Arbeitsplatz-Nr.																							

Annotation in the Lehrenbohren column (rows 5–11): ↕ × gemeinsam bohren

Kalkuliert
am: 28. 10. 54   durch: Peters
Stückliste: Blatt: 1   Gesamtblatt: 1

Abb. 43. Zeitstückliste für Kalkulationsbeispiel 1

Zwischenblatt für den Zusammenbau des Säulenführungsgestelles nach Abb. 42

Lfd. Nr.	Baugruppe	Teil-Nr.	Arbeitsgang	Lohngruppen-Faktor				
				3	4	5	6	7
1	Kopf	1	Spannzapfen einnieten		15			
2	Kopf	3	Druckplatte härten lassen	10				
3	Kopf	2	Kopfteil verschrauben			110		
4	Kopf	6	2 Führungsbuchsen einziehen			30		
5	Kopf	14	4 Führungsbuchsen gängig machen			60		
14	Kopf	12	2 Federpakete einsetzen				40	
6	Führung	9	2 Führungsbuchsen einziehen			30		
11	Führung	13	4 Druckschmierköpfe einschrauben komplett			80		
3	Unterteil	10	2 Säulen einpressen				40	
			Gesamtminuten:	10	15	310	80	

<table>
<tr>
<td colspan="3" align="center">Akkord-Karte</td>
<td colspan="3">Werkzeug-Benennung: Säulenführungsgestell
Zeichnungs-Nr.: 70 - 863 - 5</td>
</tr>
<tr>
<td colspan="3">Blatt: 1 Blattzahl: 1
Datum: 28. 10. 54
Name: Köstler</td>
<td colspan="3">Auftrag-Nr.: 2/14/278 Lfd. Nr.: 1070
Termin: 20. 11. 54 Genehmigt: Mindt</td>
</tr>
<tr>
<td colspan="3">Arbeitsvorgang: Neuanfertigung</td>
<td colspan="3">Gesamtminuten: 1685</td>
</tr>
</table>

Arbeitsplatz	Lohn-gruppe	Minuten	Arbeitsplatz	Lohn-gruppe	Minuten
Zuschneiden	2	115	Lehrenbohren	6	195
Hobeln	4	165	Lehrenschleifen		
Sägen (Band-)	3	15	Fertigstellen	5	30
Drehen	4	310	Bohren	3	10
Drehen			Zusammenbau	3	10
Fräsen	4	25	Zusammenbau	4	15
Fräsen			Zusammenbau	5	310
rd. schleifen	5	170	Zusammenbau	6	80
fl. schleifen	4	140			
fl. schleifen					
prof. schleifen			Ausprobieren		
Glühen/Härten	5	95			

Fertigst.-Datum:	Meister:	Betr.-Kalkulator:	Lohnbüro:	Nachkalkul.:

Abb. 44. Akkordkarte zum Kalkulationsbeispiel 1

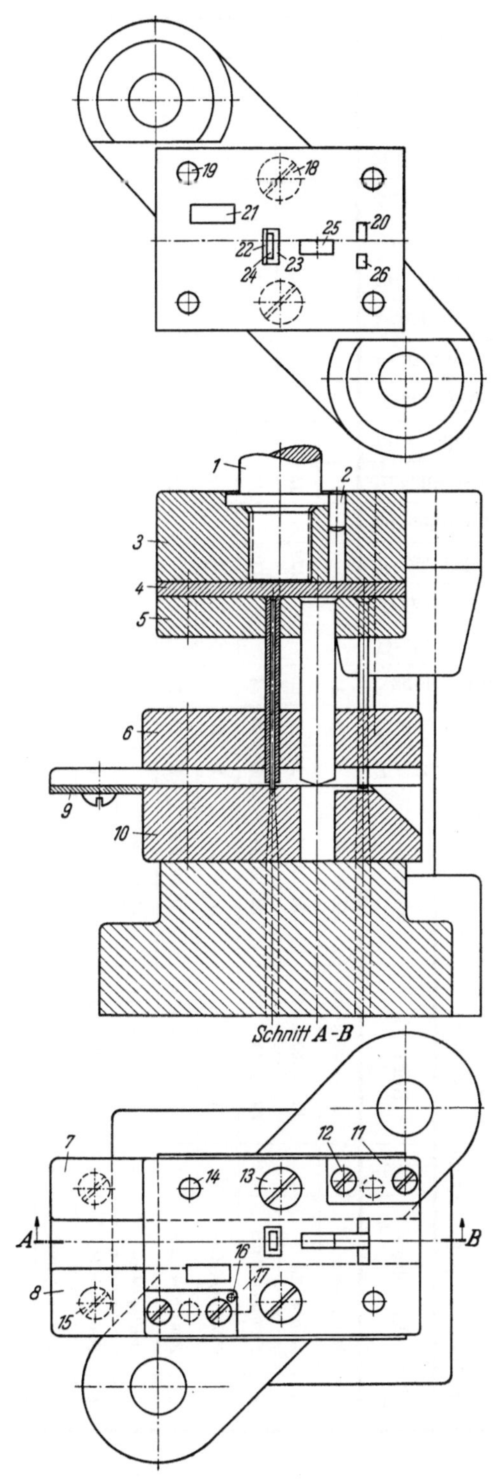

Abb. 45. Folgeschnitt
Zchn. Nr. 70-765-8a

Werkzeug-Benennung: Folgeschnitt für Hülse
Auftrag-Nr.: 4/14/106
Zeichnungs-Nr.: 70 - 765 - 8 a
Lfd. Nr.: 8096
Datum: 4. 8. 53 **Name:** Schulze

Lfd. Nr.	Einzelteil	Stück	Rohmaße	Werkstoff	Zuschneiden	Hobeln	Sägen (Band-)	Drehen	Fräsen	Feilen (Masch.)	rd. schleifen	fl. schleifen	prof. schleifen	Glühen/Härten	Lehrenbohren	Lehrenschleifen	Fertigstellen	scharf schleifen	Zusammenbauen	Zusammenbauen	Ausprobieren
4	Druckplatte	1	5 × 82 × 62	G. St. Bl.		15	15					15		10			10				
5	Kopfplatte	1	15 × 60 × 82	St. 50. 11	10	20	65			130		15					55				
6	Führungsplatte	1	20 × 60 × 92	St. 50. 11	10	25	65			130		15					55				
7	Führungsleiste	1	6 × 20 × 122	St. 0012 z	10	20						10					5				
8	Führungsleiste	1	6 × 25 × 122	St. 0012 z	10	20	10					10					20				
9	Auflageblech	1	2 × 32 × 60	Fl. St. Bl.			10										15				
10	Schnittplatte	1	25 × 62 × 92	C P 10 v	15	25	80		25	180		20		10			70	20			
11	Aufschlagstück	2	15 × 27 × 30	St. 0012 z	10	15						15					10				
17	Anschlag	1	8 × 8 × 17	E M 3	5	15						25		10			15				
20	Schnittstempel	1	4,5 × 7 × 66	G. St. Bl.	5	10						20		10							
22	Dockenhälfte	1	3 × 12 × 63	G. St. Bl.	5	10						25		10							
23	Dockenhälfte	1	4 × 12 × 63	G. St. Bl.	5	10			15			55		10							
24	Vorlocher	1	2,5 × 8 × 65	G. St. Bl.	5	10						20		10							
25	Scherstempel	1	8 × 15 × 65	E M 3	5	15			15			40		10							
26	Schnittstempel	1	4,5 × 6 × 66	G. St. Bl.	5	10						20		10				(sämtl.) 30			
27	Schutzkorb	1	(gelochtes Blech)														45		30		
	Gesamtminuten				100	220	245		55	440		305		90			300	50	30		
	Lohnfaktor				2	4	4	—	4	5	—	4	—	5	—	—	5	3	3		
	Arbeitsplatz-Nr.																				

Kalkuliert
am: 12. 8. 53
durch: Haller

Stückliste:
Blatt: 1
Gesamtblatt: 2

Werkzeug-Benennung:	Folgeschnitt für Hülse				Auftrag-Nr.: 4/14/106
Zeichnungs-Nr.:	70 - 765 - 8 a				Lfd. Nr.:
Datum: 4. 8. 53	Name: Schulze				8096

Lfd. Nr.	Einzelteil	Stück	Rohmaße	Werkstoff	Zuschneiden	Hobeln	Sägen (Band-)	Drehen	Fräsen	Feilen (Masch.)	rd. schleifen	fl. schleifen	prof. schleifen	Glühen/Härten	Lehrenbohren	Lehrenschleifen	Fertigstellen	scharf schleifen	Zusammenbauen	Zusammenbauen	Zusammenbauen	Zusammenbauen	Ausprobieren
1	Zapfen	1	Gr. II/3	Lager Norm																			
2	Zylinderstift	1	5 Ø × 12	DIN 7																			
3	Zeiss-Gestell	1	Nr. 13192/I	Lager			105			80							100		30				
12	Zylinderschraube	4	M 4 × 35	DIN 84																			
13	Zylinderschraube	2	M 8 × 55	DIN 84														beschriften					
14	Zylinderstift	4	6 Ø × 60	DIN 7																			
15	Halbrd. Schraube	2	M 6 × 8	DIN 68																			
16	Zylinderstift	1	4 Ø × 10	DIN 7																			
18	Zylinderschraube	2	M 8 × 25	DIN 84																			
19	Zylinderstift	4	6 Ø × 32	DIN 7																			
21	Seitenschneider	1	80/II/2	Lager Norm													50						
28	Halbrd. Schraube	4	M 5 × 10	DIN 86																			
	Zwischenblatt für Zusammenbau:																	15	50	630	555	200	
			Übertrag von Blatt 1:		100	220	245	—	55	440	—	305	—	90	—	—	300	50	30				
Kalkuliert	Stückliste:		Gesamtminuten		100	220	350	—	55	520	—	305	—	90	—	—	450	50	75	50	630	555	200
am: 12. 8. 35	Blatt: 2		Lohnfaktor		2	4	4	—	4	5	—	4	—	5	—	—	5	3	3	4	5	6	5
durch: Haller	Gesamtblatt: 2		Arbeitsplatz-Nr.																				

Zwischenblatt für den Zusammenbau des Folgeschnittes nach Abb. 45

Lfd. Nr.	Baugruppe	Teil-Nr.	Arbeitsgang	Lohngruppen-Faktor						
				3	4	5	6	7		
1	Kopf	1	Spannzapfen einsetzen		25					
1	Kopf	1	Spannzapfen verstiften einschließlich Bohrung		20					
—	—	sämtliche	Teile zum Härten bringen	15						
3	Kopf	3/4/5.	Verschrauben und verstiften			115				
10	Kopf	sämtliche	Stempel stauchen und einpassen			90				
4	Führung	sämtliche	Stempel in Führungsplatte einpassen				260			
5	Führung	11	Aufschlagstücke anbringen			75				
4	Schnitt	sämtliche	Stempel in Schnittplatte einpassen				225			
6a	Schnitt	10	Schnittplatte scharf schleifen	(20)						
8	Schnitt	—	Stempel und Schnittplatte zum Scharfschleifen zusammensetzen			25				
9	Schnitt	—	Stempel scharf schleifen	(30)						
13	Schnitt	9	Auflageblech anbringen			60				
15	Schnitt	17	Anschlag einpassen und befestigen			50				
16	Schnitt	3/6/7/8/10	komplett zusammensetzen			135				
				15	45	550	485			
			+15% Größenzuschlag (vgl. Seite 88)	—	5	80	70			
			Gesamtminuten	15	50	630	555			

<table>
<tr><td rowspan="3">Akkord-Karte</td><td colspan="2">Werkzeug-Benennung: Folgeschnitt für Hülse</td></tr>
<tr><td colspan="2">Zeichnungs-Nr.: 70 - 765 - 8 a</td></tr>
</table>

Akkord-Karte		
Werkzeug-Benennung: *Folgeschnitt für Hülse*		
Zeichnungs-Nr.: *70 - 765 - 8 a*		

Blatt: *1* Blattzahl: *1*   Auftrag-Nr.: *4/14/106*   Lfd. Nr.: *8096*

Datum: *13. 8. 53*   Termin: *15. 10. 53*   Genehmigt: *Mindt*

Name: *Köstler*

Arbeitsvorgang: *Neuanfertigung*   Gesamtminuten: *3650*

Arbeitsplatz	Lohn-gruppe	Minuten	Arbeitsplatz	Lohn-gruppe	Minuten
Zuschneiden	*2*	*100*	Lehrenbohren	.	—
Hobeln	*4*	*220*	Lehrenschleifen	·	—
Sägen (Band-)	*4*	*350*	Fertigstellen	*5*	*450*
Drehen		—	*scharf schleifen*	*3*	*50*
Drehen		—	Zusammenbau	*3*	*75*
Fräsen	*4*	*55*	Zusammenbau	*4*	*50*
Fräsen		—	Zusammenbau	*5*	*630*
rd. schleifen		—	Zusammenbau	*6*	*555*
fl. schleifen	*4*	*305*	*Maschinen-Feilen*	*5*	*520*
fl. schleifen		—			—
prof. schleifen		—	Ausprobieren	*5*	*200*
Glühen/Härten	*5*	*90*			—

Fertigst.-Datum:	Meister:	Betr.-Kalkulator:	Lohnbüro:	Nachkalkul.:

Abb. 46. Akkordkarte zum Kalkulationsbeispiel 2

3. Beispiel: **Anfertigen eines Verbundwerkzeuges nach Abb. 47**

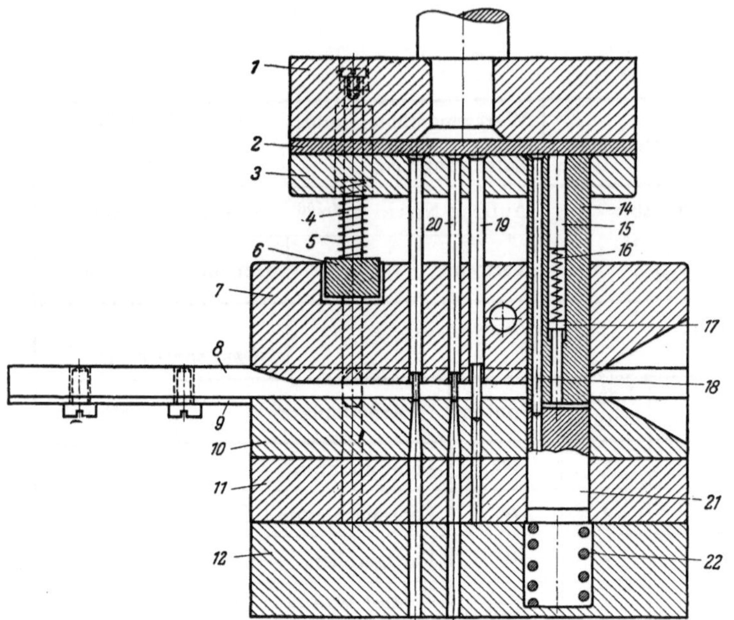

Abb. 47. Verbundwerkzeug Zchn. Nr. 75-360-5

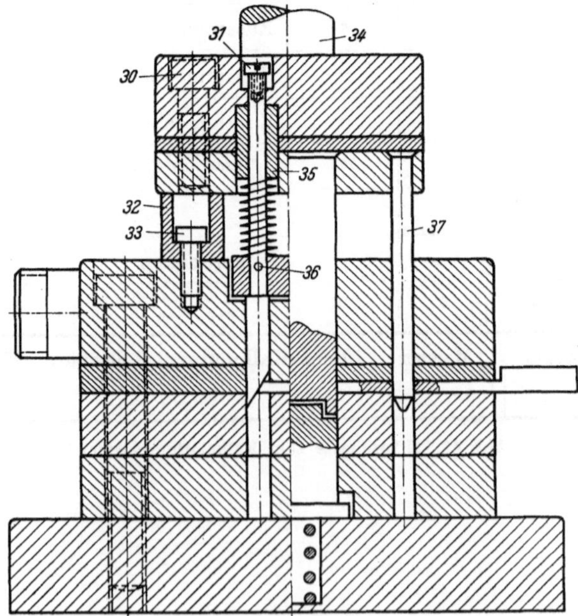

Abb. 47a

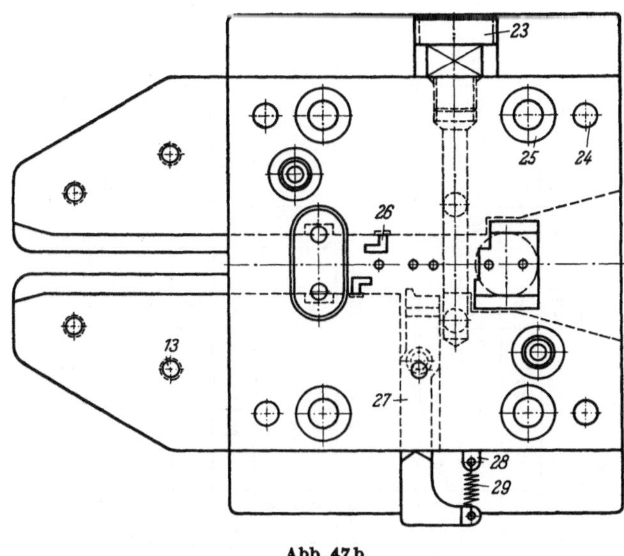

Abb. 47 b

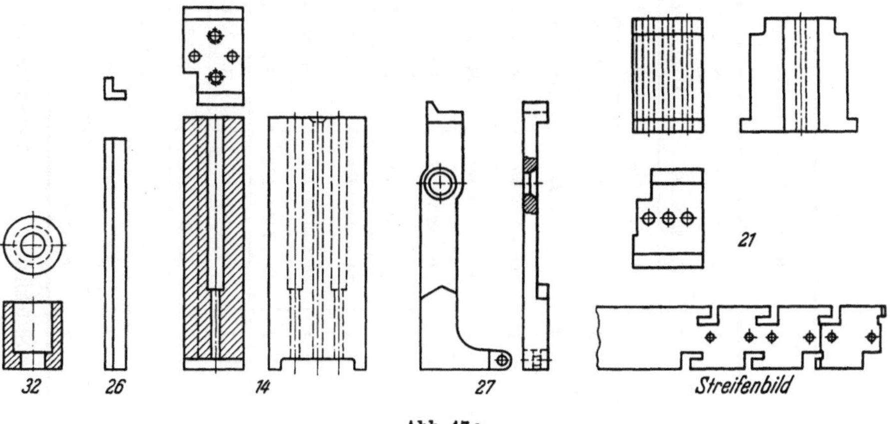

Abb. 47 c

Werkzeug-Benennung:	Verbundwerkzeug	Auftrag-Nr.:	7/25/204
Zeichnungs-Nr.:	75 - 360 - 5	Lfd. Nr.:	73/75
Datum: 22. 10. 54	Name: Schulze		

Lfd. Nr.	Einzelteil	Stück	Rohmaße	Werkstoff	Zuschneiden	Hobeln	Sägen (Band-)	Drehen	Fräsen	Feilen (Masch.)	rd. schleifen	fl. schleifen	prof. schleifen	Glühen/Härten	Lehrenbohren	Lehrenschleifen	Fertigstellen	Fertigstellen	Zusammenbauen	Zusammenbauen	Zusammenbauen	Zusammenbauen	Ausprobieren
1	Kopfplatte	1	25 × 80 × 105	St. 50.11	15	30	—	30				30					25						
2	Druckplatte	1	7 × 80 × 105	G. St. Blech	—	—	15					20		10			15						
3	Stempelplatte	1	16 × 80 × 105	St. 50. - 11	10	25	40			80		30					20						
4	Zentrierstift	2	2 Ø × 100	Silberstahl	5	—	—	40	25		30	15		20			10	30					
5	Druckfeder	2	1,6 Ø × 40	Fed. St. Draht	5	—	—	25									5						
6	Zentrierbrücke	1	20 × 20 × 40	St. 50. - 11	—	15	15		25			10					15						
7	Führungsplatte	1	40 × 125 × 130	St. 50. - 11	15	50	60		85	140		30					25						
8	Streifenführung	2	10 × 60 × 205	Wzg. - St.	—	45	40		60			30						40					
9	Auflageblech	2	2,5 × 60 × 75	St. VII 23	—	10	25					10					20						
10	Schnittplatte	1	30 × 125 × 130	CP 10 v	15	50	60		30	140		30		20			25						
11	Zwischenplatte	1	25 × 125 × 130	St. 50.11	15	45			20			30					20						
12	Grundplatte	1	40 × 130 × 165	St. 50.11	15	50						30					20						
14	Stempel	1	25 × 40 × 82	CP 10 v	10	25			40			80		20	100		25						
15	Füllstift	2	3,8 Ø × 30	St. 2210	5	—											5						
16	Druckfeder	2	0,63 Ø × 30	Fed. St. Draht	5	—		25									5						
17	Abdrückstift	2	3,8 Ø × 30	St. 2210	5	—		20			20						5						
18	Sucher	2	2,6 Ø × 85	St. 2210	5	—					35			10			10						
Gesamtminuten					125	345	255	140	285	360	85	345	—	80	100	—	250	70					
Lohnfaktor					2	4	4	4	4	5	5	4		5	7		5	6	3	4	5	6	
Arbeitsplatz-Nr.																							

Kalkuliert am: 26. 10. 54 durch: Haller

Stückliste: Blatt: 1 Gesamtblatt: 3

Werkzeug-Benennung:	*Verbundwerkzeug*	Auftrag-Nr.:	37/25/204
Zeichnungs-Nr.:	75 - 360 - 5	Lfd. Nr.:	73/75
Datum: 22.10.54	Name: Schulze		

Lfd. Nr.	Einzelteil	Stück	Rohmaße	Werkstoff	Zuschneiden	Hobeln	Sägen (Band-)	Drehen	Fräsen	Feilen (Masch.)	rd. schleifen	fl. schleifen
19	Sperrsucher	1	3 Ø × 85	St. 2210	5						30	
20	Lochernadel	2	80/IV/5	Lager Norm							25	
21	Federboden	1	30 × 38 × 60	St. 50. 11	15	25			60			90
22	Druckfeder	1	3,2 Ø × 40	Fed. St. Draht	5			20				
26	Ausklinkstempel	2	10 × 10 ×75	CP 10 v	5	40			30			60
27	Universalanschlag	1	10 × 30 × 85	Wzg. Stahl	5	20	25		30			10
29	Zugfeder	1	0,5 Ø × 30	Fed. St. Dr.	5			15				
32	Distanzstück	2	22 Ø × 25	St. 50.-11	10			35				} 10
35	Buchse	2	18 Ø × 25	St. 50.-11	10			30				
37	Steuerbolzen	1	6 Ø × 85	St. 2210	5			15			15	
38	Schutzkorb	1	gelochtes Blech									
13	Zylinderschraube	4	M 5 × 10	DIN 84								
23	Luftstutzen	1	M 14	Lager								
24	Zylinderstift	4	8 × 90	DIN 6325								
25	Zylinderschraube	4	M 10 × 80	DIN 912								
Gesamtminuten					65	85	25	115	120	—	70	170
Lohnfaktor					2	4	4	4	4		5	4
Arbeitsplatz-Nr.												

Lfd. Nr.	Einzelteil	prof. schleifen	Glühen/Härten	Lehrenbohren	Lehrenschleifen	Fertigstellen	Fertigstellen	Zusammenbauen	Zusammenbauen	Ausprobieren
19	Sperrsucher		10			5				
20	Lochernadel					5				
21	Federboden			60		10	10			
22	Druckfeder					5				
26	Ausklinkstempel		20			15				
27	Universalanschlag		10			10	30			
29	Zugfeder					5				
32	Distanzstück					5				
35	Buchse					5				
37	Steuerbolzen		10			10				
38	Schutzkorb					45		30		
13	Zylinderschraube									
23	Luftstutzen					siehe Blatt 3				
24	Zylinderstift									
25	Zylinderschraube									
Gesamtminuten		—	50	60	—	120	40	30		
Lohnfaktor			5	7		5	6	3		
Arbeitsplatz-Nr.										

Kalkuliert — am: 26.10.54 — durch: Haller
Stückliste: — Blatt: 2 — Gesamtblatt: 3

Werkzeug-Benennung:	Verbundwerkzeug	Auftrag-Nr.:	7/25/204
Zeichnungs-Nr.:	75 - 360 - 5	Lfd. Nr.:	73/75
Datum: 22.10.54	Name: Schulze		

Lfd. Nr.	Einzelteil	Stück	Rohmaße	Werkstoff	Zuschneiden	Hobeln	Sägen (Band-)	Drehen	Fräsen	Feilen (Masch.)	rd. schleifen	fl. schleifen	prof. schleifen	Glühen/Härten	Lehrenbohren	Lehrenschleifen	Fertigstellen	Fertigstellen	Zusammenbauen	Zusammenbauen	Zusammenbauen	Zusammenbauen	Ausprobieren
28	Gewindestift	1	M 5 × 8	DIN 551																			
30	Zylinderschraube	4	M 8 × 30	DIN 912																			
31	Zylinderschraube	2	M 3,5 × 6	DIN 84																			
33	Zylinderschraube	2	M 6 × 15	DIN 84									*Lager entnehmen*						30				
34	Spannzapfen	1	Gr. II/10	Lager Norm																			
36	Stift	2	2 Ø × 16	DIN 7																			
39	Zylinderschraube	1	M 5 × 10	DIN 84																			
	für Schutzkorb																						
	siehe Zwischenblatt für Zusammenbau:											70			90 / 250				10	125	750	750	330
	Übertrag Blatt 1 + 2:				190	430	280	255	405	360	155	515	—	130	160	—	370	110	30				

Kalkuliert		Stückliste		Gesamtminuten	190	430	280	255	405	360	155	585	—	130	500	—	370	110	70	125	750	750	330
am: 26.10.54		Blatt: 3		Lohnfaktor	2	4	4	4	4	5	5	4	—	.5	7	—	5	6	3	4	5	6	6
durch: Haller		Gesamtblatt: 3		Arbeitsplatz-Nr.																			

<table>
<tr><td colspan="3" rowspan="2">Akkord-Karte</td><td colspan="3">Werkzeug-Benennung: Verbundwerkzeug</td></tr>
<tr><td colspan="3">Zeichnungs-Nr.: 75 - 360 - 5</td></tr>
<tr><td colspan="3">Blatt: 1   Blattzahl: 1
Datum: 26. 10. 54
Name: Köstler</td><td colspan="3">Auftrag-Nr.: 7/25/204   Lfd. Nr.: 73/75

Termin: 1. 12. 54   Genehmigt: Mindt</td></tr>
<tr><td colspan="3">Arbeitsvorgang: Neuanfertigung</td><td colspan="3">Gesamtminuten: 5795</td></tr>
<tr><td>Arbeitsplatz</td><td>Lohn-gruppe</td><td>Minuten</td><td>Arbeitsplatz</td><td>Lohn-gruppe</td><td>Minuten</td></tr>
<tr><td>Zuschneiden</td><td>2</td><td>190</td><td>Lehrenbohren</td><td>7</td><td>500</td></tr>
<tr><td>Hobeln</td><td>4</td><td>430</td><td>Lehrenschleifen</td><td></td><td>—</td></tr>
<tr><td>Sägen (Band-)</td><td>4</td><td>280</td><td>Fertigstellen</td><td>5</td><td>370</td></tr>
<tr><td>Drehen</td><td>4</td><td>255</td><td>Fertigstellen</td><td>6</td><td>110</td></tr>
<tr><td>Drehen</td><td></td><td>—</td><td>Zusammenbau</td><td>3</td><td>70</td></tr>
<tr><td>Fräsen</td><td>4</td><td>405</td><td>Zusammenbau</td><td>4</td><td>125</td></tr>
<tr><td>Fräsen</td><td></td><td>—</td><td>Zusammenbau</td><td>5</td><td>750</td></tr>
<tr><td>rd. schleifen</td><td>5</td><td>155</td><td>Zusammenbau</td><td>6</td><td>750</td></tr>
<tr><td>fl. schleifen</td><td>4</td><td>585</td><td>Maschinen-Feilen</td><td>5</td><td>360</td></tr>
<tr><td>fl. schleifen</td><td></td><td>—</td><td></td><td></td><td></td></tr>
<tr><td>prof. schleifen</td><td></td><td></td><td>Ausprobieren</td><td>6</td><td>330</td></tr>
<tr><td>Glühen/Härten</td><td>5</td><td>130</td><td></td><td></td><td></td></tr>
<tr><td>Fertigst.-Datum:</td><td colspan="2">Meister:</td><td>Betr.-Kalkulator:</td><td>Lohnbüro:</td><td>Nachkalkul.:</td></tr>
</table>

Abb. 48. Akkordkarte zum Kalkulationsbeispiel 3

Zwischenblatt für den Zusammenbau des Verbundwerkzeuges nach Abb. 47.

Lfd. Nr.	Baugruppe	Teil-Nr.	Arbeitsgang	Lohngruppen-Faktor					Minuten
				3	4	5	6	7	
1	Kopf	34	Spannzapfen einnieten		15				
2	Kopf	2	Druckplatte härten lassen	10					
3	Kopf	—	Kopfteil komplett verschrauben			100			
10	Kopf	18/19/20/37	Stempel stauchen, einpassen und vernieten			120			
11	Kopf	3	Stempelplatte überschleifen		(20)				
17	Kopf	1/2/3	2 Bohrungen für Zentrierstifte		20			(90)	Lehren-bohrwerk
—	sämtliche	3/7/10/11/ 12/14/21	Bohrungen für Lochstempel, Sucher, Zentrierstifte und Steuerbolzen					(250)	Lehren-bohrwerk
4	Führung	14/26	Stempel in Führungsplatte einpassen				290		
10	Führung	4/5/6	Streifenzentrierer zusammenbauen (ohne Blattfeder)				50		
4	Schnitt	14/26	Stempel in Schnittplatte einpassen				210		
6	Schnitt	10	Schnittplatte zum Härten bringen und saubermachen		20				
8	Schnitt	14/26	Stempel zum Scharfschleifen bringen einschließlich Platte		25				
6a	Schnitt	10	Schnittplatte scharf schleifen		(20)				

9	Schnitt	14/26	Stempel scharf schleifen		(30)			
10	Schnitt	32	2 Aufschlagstücke befestigen			50		
13	Schnitt	9	2 Auflagebleche befestigen			90		
15	Schnitt	27	Universalanschlag einpassen und befestigen				100	
16	Schnitt	7/10/11/12	komplett verschrauben			135		
—	Unterteil	11/12	Abfallöcher in Zwischen- und Grundplatte freibohren und Senkung für Druckfeder in Grundplatte			85		
4	Unterteil	—	Durchbrüche anreißen			20		
7	Unterteil	12	Beschriften		30			
3	Sondereinbau	23	Preßluftstutzen anbringen			25		
4	Sondereinbau	7	2 Abzweigbohrungen für Preßluftanschluß			25		
				10	110	650	650	—
			+ 15% Größenzuschlag	—	15	100	100	
			Gesamtminuten:	10	125	750	750	

4. Beispiel: **Reparatur des Verbundwerkzeuges Abb. 47**

Zwischenblatt für Werkzeugreparatur							
Werkzeug-Bezeichnung: *Verbundwerkzeug*				**Kalkuliert:** 5. 12. 54			
Werkzeug-Nummer: 75 - 360 - 5				**durch:** *Haller*			
Aufnahmedatum: 4. 12. 1954				**Geschrieben:** 6.12.54			

Lfd. Nr.	Reparatur-Gruppe	Teil-Nr.	Arbeitsgang	Arbeitsplatz	F	Minuten Einzelteile	Minuten Zusammenbau
5	*Führung*	4	*Zentrierstifte auswechseln*	*drehen*	4	40	—
				fräsen	4	25	—
				rd. schleifen	5	30	—
				fl. schleifen	4	15	—
				härten	5	20	—
				zusammenbauen	5	—	30
7	*Kopf*	5	*2 Federn für Zentrierer fertigmachen und auswechseln*	*drehen*	4	25	—
				zusammenbauen	5	—	15
9	*Kopf*	20	*1 Nadel (Norm 80/IV/5 stauchen und einpassen)*	*rd. schleifen*	5	10	—
				zusammenbauen	5	—	10
11	*Schnitt*	9	*siehe Reparaturkatalog anfertigen:*	*zusammenbauen*	5	—	45
				hobeln	4	10	—
				sägen	4	15	—
				fl. schleifen	4	10	—
—	—	21	*Federboden nacharbeiten*	*zusammenbauen*	5	—	30
—	—	—	*Werkzeug (Gruppe II) komplett zerlegen und wieder zusammenbauen (s. Seite 96)*		5	—	130
Gesamtreparaturzeit in Minuten: (ohne Ausprobieren)						200	260

VII. Schlußwort

In der Einleitung wurde bereits darauf hingewiesen, daß die vorliegende Schrift eine Anleitung zur systematischen Erfassung, Sammlung und Ordnung des Zeitbedarfs für den Werkzeugbau bilden soll. Es wurde auch zum Ausdruck gebracht, daß die Entwicklung und Ausführung von Gebrauchstabellen für dieses Arbeitsgebiet nicht von heute auf morgen erfolgen kann. Wenn eine ausreichende Sammlung von Zeitwerten vorliegt, die nach vorausgegangener Untersuchung der Betriebsverhältnisse (vgl. S. 6/7, 1 bis 4) ermittelt und ausgewertet wurde, so ist sie an Hand praktischer Vergleiche vor Nutzanwendung auf ihre Brauchbarkeit und geeignete Zusammenfassung zu prüfen. Dabei ist die gute Kenntnis aller vorhandenen Fertigungseinrichtungen und -methoden die unerläßliche Voraussetzung für einen sinnvollen Aufbau der Kalkulationsunterlagen.

Akkord-Karte		Werkzeug-Benennung: *Verbundwerkzeug*			
		Zeichnungs-Nr.: *75 - 360 - 5*			

Blatt: *1* **Blattzahl:** *1* **Datum:** *6. 12. 54* **Name:** *Haller*

Auftrag-Nr.: *R - 405/V* **Lfd. Nr.:** **Termin:** *— —* **Genehmigt:**

Arbeitsvorgang: *Reparatur* **Gesamtminuten:** *460*

Arbeitsplatz	Lohn-gruppe	Minuten	Arbeitsplatz	Lohn-gruppe	Minuten
Zuschneiden			Lehrenbohren		
Hobeln	*4*	*10*	Lehrenschleifen		
Sägen (Band-)	*4*	*15*	Fertigstellen		
Drehen	*4*	*65*			
Drehen			Zusammenbau	*5*	*260*
Fräsen	*4*	*25*	Zusammenbau		
Fräsen			Zusammenbau		
rd. schleifen	*5*	*40*	Zusammenbau		
fl. schleifen	*4*	*25*			
fl. schleifen					
prof. schleifen			Ausprobieren		*beobachten*
Glühen/Härten	*5*	*20*			

Fertigst.-Datum:	Meister:	Betr.-Kalkulator:	Lohnbüro:	Nachkalkul.:

Abb. 49. Akkordkarte zum Kalkulationsbeispiel 4

Der weitere Ausbau der Kalkulationskataloge und ihre Unterteilung nach Werkzeuggattungen, wobei jeder Katalog innerhalb seiner Baugruppen die der Werkzeuggattung entsprechenden Arbeitsgänge enthält, richtet sich nach den Bedürfnissen des Betriebes; je umfangreicher und vielseitiger die Werkzeugfertigung ist, desto weiter werden die Grenzen der Richtwertsammlung zu ziehen sein.

Die im Text verstreut wiedergegebenen Tabellen erwecken leicht den Eindruck einer unübersichtlichen Anordnung des Stoffes. Die eingehendere Darstellung der Formelentwicklung für einige im Werkzeugbau besonders wichtige Arbeiten ließ es aber nicht ratsam erscheinen, die dazugehörigen Tabellen aus dem behandelnden Text herauszunehmen und in einem zusammenhängenden Tabellenanhang, der dem Kalkulationsablauf entspricht, einzuordnen. Für den praktischen Gebrauch ist es allerdings vorteilhafter, die eigenen Tabellen nach Arbeitsplätzen geordnet in einer handlichen Mappe oder Kartei unterzubringen.

Erfreulicherweise zeichnen sich in der Werkzeugkonstruktion wachsende Normungsbestrebungen ab, die wesentlich dazu beitragen, eine größere Anzahl von Einzelteilen serienmäßig zu fertigen. In diesem Zusammenhang sei hier auf die Auswechselgestelle verschiedener bekannter Firmen hingewiesen. Sicherlich läßt sich auch eine Anzahl solcher Teile, die nur mittelbar am Werkzeug beteiligt ist, bei geeigneter konstruktiver Lösung einer Normung zuführen. Es wäre aus Gründen einer kostensparenden Werkzeugfertigung wünschenwert, wenn der Konstrukteur der Vereinheitlichung solcher Teile, z. B. verstellbare Streifenzentrierer, einheitliche Führungsleisteneinsätze, Anschläge, verstellbare Aufschlagstücke usw., noch mehr Beachtung schenken würde. Damit wäre die Möglichkeit gegeben, diese Teile serienmäßig herzustellen und die „Loseblattsammlung" hierfür zu erweitern.

Über den Wert der Leistungsentlohnung im Werkzeugbau wird in einigen Betrieben auch heute noch debattiert. Bei näherer Betrachtung stellt sich dabei fast immer heraus, daß es an dem „wie" der Aufgabenbehandlung liegt, wenn die Kalkulation zu umständlich wird oder die Vorgabezeiten nicht den wirklichen Betriebsverhältnissen entsprechen.

Eine Kalkulationsmethode wurde absichtlich nicht berührt: Das überschlägliche Abschätzen der Herstellungskosten zur Abgabe von Angeboten. Die Erfahrung hat gelehrt, daß solche Schätzungen leicht dazu verleiten, diese Werte auch in den eigenen Betrieb zu geben, um das aus Konkurrenzgründen niedrig gehaltene Angebot auf jeden Fall kostenmäßig einzuhalten. Damit wird aber die anzustrebende Stabilisierung der Vorgabezeiten wieder abgeschwächt und ihr Wert der Werkstatt gegenüber in ein fragwürdiges Licht gerückt. Die Methode der globalen Zeitschätzung läßt sich nun einmal mit einer exakten Leistungsentlohnung nicht in Einklang bringen.

In den USA ist man zwar zum Teil von der Zeitermittlung je Arbeitsgang abgegangen und erfaßt den Zeitbedarf nach Werk*stücken*, d. h., für sämtliche *gleichförmigen* Arbeiten, die zur Formgestaltung eines Werkstückes erforderlich sind, wird die Arbeitszeit summarisch angegeben. Dabei wurden folgende Zeitgruppen gebildet:

Zeitgruppe I   Blockbearbeitung: Absägen, Hobeln, Flachschleifen,
Zeitgruppe II   Runde Löcher: Bohren, Drehen, Rundschleifen, Gewinde schneiden, Reiben,

Zeitgruppe III Formdurchbrüche ein-
                schließlich Einpassen: Aussägen, Stoßen, Feilen, Fräsen,
Zeitgruppe IV   Montage: Zusammenbauen, Ausprobieren,
                                        Musterfertigung, Werkzeugabnahme.

In jeder dieser vier Zeitgruppen sind also sämtliche gleichförmigen
Arbeitsvorgänge zeitlich zusammengefaßt. Die Abstufung der Bezugseinheiten weist je nach der Gruppe einen Spielraum bis zu 200% auf
(z. B. Montieren von Schnittplatte und Abstreifen auf Grundplatte
= 1,5 bis 3,0 Stunden; Montieren von Kopfplatte, Schnittplatte und
Druckplatte am Stempelkopf = 2,0 bis 4,0 Stunden). Innerhalb der
Zeitgruppen I bis III gelten die Zeiteinheiten $^1/_{10}$ Stunde und 0,5 Stunden, in der Gruppe IV werden als Zeiteinheit volle Stunden zugrunde
gelegt. — Diese Zeitermittlung, die in ihrem strukturellen Aufbau
einer Angebotskalkulation gleichkommt, läßt natürlich eine individuelle Leistungsentlohnung nicht zu.

Aus einer Anzahl verschiedener Kalkulationsschemen wurde in
der vorliegenden Arbeit in zusammenhängender Form eine Richtung
aufgezeichnet, die der Praxis entnommen wurde und für die Weiterentwicklung und Nutzanwendung in der Praxis gedacht ist.

Literaturverzeichnis

Bücher

BAIERL, F.: Produktivitätssteigerung durch Lohnanreizsysteme.

BÖHRS, H.: Probleme der Vorgabezeit.

BRAMESFELD/GRAF: Praktisch-psychologischer und arbeits-physiologischer Leitfaden für das Arbeitsstudium.

EULE·, H.: Die betriebswirtschaftlichen Grundlagen des Arbeits- und Zeitstudiums.

GABLER, P.: Die Stanzereitechnik in der feinmechanischen Fertigung.

GOMBERG, W.: Arbeitsbewertung.

GOTTWEIN, K.: Schlosserei- und Montagezeitermittlung, ABD, Bd. V.

HILBERT, H.: Die Vorkalkulation in der Stanzereitechnik, Bd. I und II.

KELLER, P.: Leistungs- und Arbeitsbewertung.

KUPKE, E.: Beitrag zur Frage des Leistungsgrades und der Vorgabezeit.

Refa-Buch: Band I und II.

SIMON, E.: ABC des Metallarbeiters, Folge 3; Der Schleifer.

WIBBE, J.: Entwicklung, Verfahren und Probleme der Arbeitsbewertung.

Aufsätze

Analytische Arbeitsbewertung. Der Betrieb (1954) S. 285/27.

Die analytische Arbeitsbewertung. Der Techniker (1954) S. 3/4.

Psychologische Vorbereitung der Arbeitsbewertung. Werkstatt u. Betrieb (1945) S. 3.

Industrial Job Evaluations Systems (herausgegeben vom United States Employment Service).

Verzeichnis der Arbeitszeittabellen
geordnet nach Arbeitsgängen

721/47/56 — III/18/203